走出孤独

[奥] 阿尔弗雷德·阿德勒 —— 著
胡慎之 —— 编译

天地出版社 | TIANDI PRESS

图书在版编目（CIP）数据

走出孤独/(奥)阿尔弗雷德·阿德勒著；胡慎之编译. —成都：天地出版社，2019.11（2023.9重印）
ISBN 978-7-5455-5088-7

Ⅰ.①走… Ⅱ.①阿…②胡… Ⅲ.①心理学-通俗读物 Ⅳ.①B84-49

中国版本图书馆CIP数据核字（2019）第144891号

ZOU CHU GUDU
走出孤独

出 品 人	杨　政
作　　者	[奥]阿尔弗雷德·阿德勒
编　　译	胡慎之
特邀策划	MIND心研社
责任编辑	王　絮　高　晶
特邀编辑	刘广生
装帧设计	仙境设计
责任印制	王学锋
出版发行	天地出版社 （成都市锦江区三色路238号 邮政编码：610023） （北京市方庄芳群园3区3号 邮政编码：100078）
网　　址	http://www.tiandiph.com
电子邮箱	tianditg@163.com
经　　销	新华文轩出版传媒股份有限公司
印　　刷	玖龙（天津）印刷有限公司
版　　次	2019年11月第1版
印　　次	2023年9月第13次印刷
开　　本	880mm×1230mm 1/32
印　　张	10
字　　数	224千字
定　　价	48.00元
书　　号	ISBN 978-7-5455-5088-7

版权所有◆违者必究
咨询电话：（028）86361282（总编室）
购书热线：（010）67693207（营销中心）

如有印装错误，请与本社联系调换

译者序

能走出的孤独，才是好的孤独

一次偶然机会，在北京南站等车，身边一对夫妻模样的人在谈话，因为他们声音比较大，所以我听到了一些谈话内容。那个男人正在对自己的女人说一件他自己感觉非常自豪的事情。男人指着高铁的顶棚说："你知道吗？我在这上面待了两个多月，安装的时候，因为工程师不在，我按照自己的经验让工友们装好了一个梁，省了很多时间。后来负责人给了我1000块奖金，就是给你买大衣的钱。"他说的那一刻，脸上是快乐的表情，甚至有种特别幸福的光晕，他身边的女人一脸满足地说："我回去和姐妹说，我老公很有本事。"

这是这个男人为他人做的贡献，而这份贡献成了他"自我价值"的一部分。

前段时间接待一个来访者，50岁左右的中年男性，上市公司的老板，因为家庭变故和身体的原因，刚刚把管理权交给了副手。之后，他忽然感觉人生没有了意义，特别空虚，特别孤独，抑郁了8个月。我们聊了好几次，他一直觉得自己在给别人添麻烦，感觉自己变成了别人的累赘，甚至有过轻生的念头，这让朋友和家人都很担心。

在对话中，他提到过去自己如何把公司做到了所在行业的NO.1。就在那一瞬间，他脸上突然涌现出的一种愉悦又带有炫耀的表情，被我捕捉到了。于是，我问了他两个问题："你怎么看待自己现在发生的一切？你想想怎么给自己接下来的生活下一个定义？"他回答说："带领公司走到今天的地位，我是很自豪的。但是现在公司没有我，也一样可以做得很好，我忽然觉得没有人需要我了。"

我告诉他："这就是你抑郁的原因。你感觉自己对公司没有贡献了，所以找不到自我价值了。"他很难过，一下就哭了。我们最后一次见面，他告诉我，他又重新找到了人生的使命，把目标从事业投向家庭和自己，他把这个过程定义为"华丽转身"。

这个重新找到了人生意义的人，孤独感和抑郁的心境很快消失了。因为他在新的"贡献"中，找到了自我价值的存在。

我讲这两个故事，是想说人和人之间是需要联结的，而这种联结，往往建立在"被需要"的自我价值感上。一旦我们感到自己不再被他人所需要，我们就会觉得自己没有价值。从心理学角度来讲，如果与他人之间的联结被切断，我们就会产生深深的孤独感和无力感。

网上曾有个"一个人做觉得最孤独的事情网络排行榜"：

1. 夜晚一个人坐公交，看路边不停变换的灯光、树木和行人。
2. 听到一句熟悉的歌词，想起某个曾经说要守护你，现在却不在你身边的人。

3. 情人节一个人看爱情电影、吃爆米花。

4. 放假的时候，站在学校的某处天台上，看天空以及空无一人的道路。

5. 路过一家曾经和喜欢的人一起去过的餐厅，餐厅正在被拆除，记忆也是。

6. 夜晚一个人面对黑暗和空洞。

7. 想对着喜欢过的人笑，结果却笑着哭了出来。

…… ……

这些事情说起来都带着淡淡的忧伤，很多网友却不满地说："我就喜欢一个人不行吗？孤独的人是可耻的吗？孤独为什么不能是一种享受？"

孤独本身当然是没有问题的，有时候我们也需要孤独。有问题的是，你会介意别人看到你是孤独的。

被别人发现自己孤身一人，这会让我们觉得难过、自卑又羞耻，所以我们会想要跟别人建立联结，想要走出孤独。

那么，我们该如何走出孤独心境呢？

阿德勒曾经提出一个"共同体"的概念。人与人之间建立的"共同体"有千差万别的表现形式，但是最核心的基础都是一样的，即"自我接纳、他者信赖、他者贡献"。在人与人之间的关系里，我们都不愿意成为别人的负担，都更愿意成为对他人有贡献的人，在贡献中找到自己存在的价值。

阿德勒的书，我推荐过两本。因为喜欢，也因为它们给过我很多启发。每次读他的书，都感觉是在和自己的心灵进行一次对话。

作为一个关系心理学的研究者，一名从业 20 年的心理咨询师，我能够理解阿德勒的思想：人类的大多数烦恼都来自人际关系，而建立良好人际关系的关键在于理解人性。人人生而自卑，所以我们要学会接纳自己，尊重他人；人人都希望得到信赖，所以我们要学会信赖他人；人人都希望自己的存在是有价值的，所以我们要学会在共同体中做贡献。在良好的人际关系中，我们会不断地得到滋养，不断地成长，成为一个更好的自己。

这次编译阿德勒的作品，对我来说是个挑战，每一步都小心翼翼，希望能把阿德勒大师的思想精髓原汁原味地呈现给喜欢阿德勒的读者。

《走出孤独》这本书字数不多，但很好地概括了阿德勒后期的很多心理学思想。用这些思想，我们能够更好地理解家庭、学校和社会对我们的影响，解开人际关系中的那些困惑，让我们学会与世界相处。

此外，本着尊重作者、尊重原著的精神，本书最大限度保留了阿德勒的原始观点以供读者欣赏研究。由于阿德勒写作背景是 20 世纪二三十年代的美国，距今久远，国情、文化、价值观和我们也有所不同，个别观点在今天看来难免有失偏颇。望读者诸君鉴察。

最后，感谢生命里所有帮助我成为更好的自己的人，感谢所有在本书翻译过程中做出贡献的人。希望本书能帮助更多的读者走出孤独，在丰富多彩的世界里，绽放自己，愿你们被世界温柔以待，也愿你们待世界以温柔。

目录 contents

第一讲
没有人是一座孤岛 \ 001

第二讲
人生意义是由个人决定的吗 \ 006

第三讲
每个人都有自己的目标 \ 022

第四讲
社会感是人性的选择 \ 031

第五讲
孤独背后，是对人群的敌视 \ 050

第六讲
虚荣，会架空你自己 \ 068

第七讲
性格是怎么形成的 \ 096

第八讲
为何你如此感伤 \ 122

第九讲
家庭对人生的影响 \ 135

第十讲
儿童时期的三种困境 \ 173

第十一讲
自卑是一切性格特点的根源 \ 185

第十二讲
每个人都在追求优越感 \ 206

第十三讲
是什么支撑起了一个人 \ 232

第十四讲
分析一个人，要有全局意识 \ 267

第十五讲
当孤独把人推向边缘 \ 282

结语
走出孤独，成就自我 \ 309

第一讲
▽
没有人是一座孤岛

先有社会生活，才有个人生活。在人类文明史上，社会生活是一切生活形态的基础，没有人能完全脱离社会而独立生存。这不难理解，因为在动物世界中，普遍存在这一条基本法则：任何个体柔弱、无力自保的物种，都会选择群居生活，以群体的力量来加强自身力量。

群居——人唯一的生活方式

很早以前，达尔文就发现，越是个体柔弱的动物，越会选择群居生活。毫无疑问，人类也是这样柔弱的物种，因为我们没有强大到足以独立生活的身体。纵观整个自然界，人类如此渺小脆弱，以至于为了在地球上继续生活，只能通过制造工具来弥补身体上的不足。试想一下，在没有武器或装备的情况下，把一个人独自扔到原始森林里，他会遭遇怎样恐怖的经历。此时，他的生存能力肯定比不上其他动物，因为他没有其他动物的速度和力量，没有敏锐的听觉和视觉，也没有肉食动物的牙齿。在大自然中想要保全性命，这些素质是不可或缺的。所以，人类想要在自然界中生存下去，就必须制造工具。只有制造出强大而完备的工具，人类才能健康发展。

人类对生存环境的要求其实非常高。没有人能在离群索居的情况下，获得这种优越的生存环境。在人类社会中，劳动分工使每一个独立的个体都变成了群体的一部分，社会生活已经成为一种必然。劳动分工（文明）使人类能够更快更好地制造出各种进攻、防守的工具，以满足人类的需求。只有学会劳动分工，人类才能更好地保护自己。人类的个体本就十分脆弱，成长期又如此漫长。想想吧，孕育婴儿、将其健康地抚养长大，要耗费成人多少精力。任何一个孩子的出生和成长，都离不开劳动分工。比成人更加柔弱的婴儿，在各种疾病和危险面前，几乎没有反抗之力，只要想到这一点，我们就该知道，照料、保护和社会生活对人类有多重要。总之，社会是人类持续存在的最佳保障！

既然在社会中生活，我们就要受到社会规则的限制，这是理所当然的。就像我们生活在自然环境中，就要受到自然环境，比如气候规律的限制一样。我们无法逃避这种规律，只能想办法去适应。为了抵御寒冷，我们建造房屋；为了填饱肚子，我们耕种渔猎。社会规则通常会以制度、风俗等形式展现出来，在潜移默化中，对人们的思想方式和行为模式加以影响和约束。比如，宗教信徒会不约而同地将神圣用语转变成公共俗语，这是一种心照不宣的默契。在人类的生活中，最初一层的影响来自宇宙自然，接着便是公共生活的规则以及世代相传的风俗习惯。总之，人与人之间的所有关系都是由社会需求决定的，换句话说就是，先有社会生活，才有个人生活。在人类文明的历史上，社会生活是一切生活形态的基础，没有人能完全脱离社会而独立生存。这不难理解，因为在动物世界中，普遍存在这样一条基本法则：任何个体柔弱、无力自保的物种，都会选择群居生活，以群体的力量来加强自身力量。人类先天就具有社会感——这是一种非常重要的特性，而通过社会合作来抵御残酷的外部环境，则是群居动物的本能。

社会感是人的生存本能

你是谁？这是每个人都会遇到的问题。即使别人不问，自己也要问。我们在界定一个人的时候，不是向内考察，去了解他的内心，而是向外，通过观察他所处的环境，来了解他的人格、地位。个人只有在社会的背景下，才能称其为个人，才有人格、地位可言。所谓人格，是人为了适应环境而发展起来的独特的身心状态，是人处理人生问题的习惯方式。所谓地位，是个人在宇宙中的位置，是他对自身所处的环境和人生问题（比如职业、社交和亲密关系等）的态度，是他在职业、社交和亲密关系等方面的一种体现。

外部环境——人自出生就要受其影响——给人留下的所有

印象,将以一种不可阻挡,也无法逆转的方式作用于人的人生态度。孩子从一出生起,就开始受外部环境的影响。每个人都想要适应环境,对环境作出适当的反应,这是人类的生存本能。在适应环境的过程中,统觉表逐渐形成。统觉表,简单来说就是个人的兴趣倾向。当原型(能够体现个体生活目标的早期人格)形成时,个体就会朝着某一方向发展,人的行为也变得可以预测。从那时起,个体的感知就有可能落入他们为自己建立的模式。儿童将根据个人统觉表来感知自己的处境,也就是说,他们将带着他们自己的目标和兴趣倾向来看待世界。

因此,我们可以确定,生命最早期的印象,影响着一个人一生的人生态度。婴儿长到几个月大的时候,我们就不可能把两个婴儿的行为相混淆了,因为他们已经表现出明确的模式。随着他们的发展,这个模式会更加清晰,而不会发生变化。在孩子之后的成长中,社会关系对其心理活动的影响也会不断加深。

在早期寻找关爱的过程中,孩子第一次展现了与生俱来的社会感,他开始寻求接近成年人的机会。儿童的爱总是指向别人,而不是像弗洛伊德所说的那样,指向自己的身体。据那个人[1]说,这些性驱力的强度和表现形式各不相同。在两岁以上的孩子中,这些差异可能体现在他们的言语之中。但我们认为,在这个时期,社会感早已牢牢植根于每个孩子的心灵,只有在

1.指前面提到的弗洛伊德。阿德勒之所以以这种略带鄙夷的语气指称弗洛伊德,是因为两人因理论分歧而走向了决裂。——编者注

最严重的精神疾病的压力下，社会感才会离他而去。

　　社会感将伴随人的一生，有时它会被改变、掩盖或压制，有时会得到增强和扩大，直到它不仅影响他自己的家庭，而且影响他的家族、他的民族，最后影响全人类。社会感可能还会超越这些界限，扩展到动物、植物、无生命体，最终甚至扩展到整个宇宙。总之，人先天就有社会感，这是我们研究得出的基本结论。理解了这一点，我们就获得了理解人类行为的重要辅助手段。

第二讲

▽

人生意义是由个人决定的吗

有一点我们必须铭记：个人的意义、价值，必须符合全人类的共同目标。所有的失败者都有一个特点，就是不愿意也无法融入社会。他们把人生的意义局限在自己身上，对他们来说，成功和幸福完全是自己的事，因而不与他人合作解决工作、生活中的问题。事实上，要想让自己的人生有意义，必须为别人的人生做贡献。可惜很多人不明白这一点。

与人类相关的意义才是真实的

每个人的人生都处在意义的范畴之内。在我们的人生中，相比于体验一件事，找出这件事的意义似乎更加重要。再简单的事，我们都要站在自己的立场上加以权衡和评判。比如木头，必须是和人类有关的木头；比如石头，必须是和人类有关的石头。一个人如果想要摆脱意义，只生活在极为单纯的环境里，他的人生必然充满苦难。因为那意味着他将失去与外界沟通的桥梁。人们在感受现实的过程中，通常会以所谓意义（意义具有极强的个人性）作为评判的依据。所以他感受到的，只是自己给予现实的意义或者自己对现实的领悟。意义的范畴本就有很多错误，所以人们感受到的意义，从某种程度上说，也不会十分完善和正确。

如果有人问你："人生的意义是什么？"你要怎么回答？这个问题其实困扰着很多人。有人觉得追寻意义本身就是一件毫无意义的事情，所以从不以此来为难自己。有些人则会说一些冠冕堂皇的、连自己都骗不过去的话来敷衍了事——很多人都是这样做的。然而我们必须承认，这个问题从人类诞生开始就已经存在了。当今世界，无论男女老少，每个人都经常会被"我们为什么活着？活着的意义又是什么？"这样的问题所困扰。在遭遇挫折的时候，我们常常会这样问自己。事实上，一帆风顺的人通常很少考虑这种问题。换句话说，越是生活顺遂的人，越不会问这样的问题。

人们通常会用自己的行为来"解释"人生的意义。真正能体现一个人的人生意义的，不是言辞，而是行为。一个人对人生意义的理解，体现在他的每一个动作、表情、态度和习惯里。他对世界的态度决定了他的每一个动作，不管这个动作多么细微。他本人对此似乎也深信不疑。他告诉自己，世界存在的形态就是这样，我就是这样。所以，我们每个人其实都在用自己的言行，解释着人生的意义。

每个人的生活方式都不相同，人生意义的表现形式自然也多种多样。仔细看来，每个人的人生意义都有错误，只是错误的程度不同而已，所谓绝对正确的人生意义并不存在。我们还要看到，一切得到人们认可的人生意义，都不会是绝对错误的。在绝对正确和绝对错误这两个极端之间，人生意义有极大的灵活性。但是，在这种灵活性里，各种人生意义并不是不分高下的。有些人的人生意义有很多错误，有些人的则错误较少；有些人的人生意义很糟糕，有些人的则很美妙。我们还能够发现，较好的意义具有共性，而较差的意义却缺乏那些东西。

这样，我们就找到了科学测量衡量真实人生意义的通用标准，它可以使我们更好地应对现实生活中的各种情况。请记住，这里所说的"真实"，指的是人类的真实，对人生目标和计划的真实。除此之外，别无真理。即使还有其他真理存在，它也与我们无关，我们无法知道它，它也必然是没有意义的。

职业、社交和亲密关系，是人生在世所必须面对的三个重要问题。个人在这三个问题上所表现出来的不同态度，会产生正确和错误两种截然相反的人生意义。

所有的失败者，不管是罪犯、酗酒者、精神病患者，还是自杀寻死者，都有一个共同特点，就是缺乏安全感和归属感，不愿意也无法融入社会生活。这是他们走向失败的重要原因。他们不以合作的方式来解决职业、友谊和爱情的问题，把人生意义过度局限在自己身上。他们的视线很少离开自己，认为自己的成功和别人毫无关系，也没有人能从他们的成功中获得一丝半点的好处。对他们来说，成功完全是他们自己的事。可是，这种完全建立在个人成就感之上的人生意义是虚幻的。比如，一个人因为拿到了能置人于死地的毒药，就觉得自己拥有了至高无上的权力，这种想法其实非常幼稚。因为他自身的价值并未得到提升，在他人看来，他仍然和以前一样不值一提。想要产生真正的意义，必须跟别人建立关系。个人眼里的意义，只是虚无缥缈的幻想。想让我们的全部行为和部分目标有意义，只有一个办法，就是让它们对别人产生意义。只有为别人的人生做贡献，才能真正让自己重要起来，可惜很多人都不明白这一点。

有个关于宗教领袖的故事。说是有一天，一个宗教领袖把信徒召集到一起，对他们说，星期三就是世界末日。信徒们吓得脸色惨白，回家后卖掉了全部家产，尽情享受最后的时光。到了星期三，他们满心惶恐地等待着末日的降临。不想，那天风平浪静，什么事情都没发生。信徒们气冲冲地找到领袖，怒吼质问："我们被你害惨了，卖光了家产，还自以为好心地告诉身边的每个人，说世界末日就要来了，结果末日在哪儿呢？当初我们信誓旦旦地跟他们说，告诉我们这件事的人地位超然，这个消息一定是真的，现在我们却成了大家的笑柄。你不是说星期三是世界末日？现在是怎么回事，星期三已经过去了啊！"领袖镇定自若地说："可是，我的星期三不是你们的星期三，而是我自己的星期三！"

毫无疑问，这位领袖为了逃避信徒的指责，故意把公共意义替换成个人意义。他的做法虽然荒谬，却也告诉我们一个道理：个人的特殊意义经受不住任何现实生活的考验。

人生的意义，在于为他人做贡献

什么是真正的人生意义？它必须是公共意义，是别人能够分享的意义，也是能够被别人认可的意义。能够解决自己人生问题的好方法，必然也能够帮助别人解决类似的问题，因为我们可以从中看出如何成功应对共同的问题。即使是天才，也是因为他的生命被别人认定为对他们很重要，才会被称为天才。因此，个人的人生意义体现在他为群体做出的贡献上。这里说的是个人的人生意义，与他所从事的职业无关。有些人可以游刃有余地解决人生的问题，他们用自己的行动告诉我们，人生的意义在于对他人感兴趣以及与人合作。他们所做的每一件事似乎都被其同类的喜好所指引，遇到困难时总能在不和别人的利益发生冲突的情况下加以克服。

很多人可能会觉得这种观点挺新颖。他们也许不相信，人生的意义难道真的应该是对他人做贡献、对他人感兴趣和团结协作？

他们或许会问："那么，我们又该为自己做些什么呢？如果我们老是为他人着想，老是为他人做贡献，我们自己岂不是很痛苦？如果一个人想要提升自我，至少他应该为自己着想一下吧？我们难道不应该学习怎样保护自己的利益，或加强我们自己的个性？"

这种观点，我认为是大错特错的，它只是提出了一个虚假的问题。如果一个人真的希望自己的人生意义是对他人有所贡献，而且他的人生目标也志在于此，他自然会把自己塑造成最有贡献的理想状态。他会为此目标而调整自己，他会以自己的社会感来训练自己，他也会从练习中获得各种技巧。认清目标后，学习就会随之而进行。慢慢地，他就会开始充实自己，以解决人生三大问题，并扩展自己的能力。

举个例子，不管是在恋爱的时候，还是在婚姻生活中，只要深爱对方，我们就会努力让对方的生活更加美好舒适。为此，我们会竭尽所能地提升自己。如果没有这种目标，而只想凭空提升自我，那就只是装腔作势，徒增烦恼而已。

还有一个证据可以证明人生的意义是为他人做贡献。先来看看祖先为我们做出了哪些贡献，留下了哪些遗产，比如土地、建筑、科学、艺术等，这些都是祖先对我们今天的幸福生活所做的贡献。

和他们相比，有一些人毫无合作与奉献的意识，以至于人生中唯一的目标就是逃避生活。他们死后，没有在世间留下任何痕迹。他们不但死后不留痕迹，他们活着的时候，人生也是空虚贫乏的。听到地球的低语了吗？它在说："你们不配活下去，滚吧，毫无用处的废物，人类不需要你们，你们的目标，你们的奋斗，你们所保持的价值观都没有未来可言。快点去死吧！"所以，对于那些不以合作为人生意义的人，我们也要说一句："快滚吧，你们这些毫无用处的废物。没有人需要你们。"当然，文明并非十全十美，我们应该向着使更多人获得更多幸福的方向努力改进。

懂得奉献和合作的人，在生活中随处可见。他们知道什么样的人生是有意义的，也愿意为此付出努力；他们努力地培养自己的爱心和社会感。这种济世救人的情怀，在宗教教义中都有所体现。世界上所有伟大的运动，都有一个共同的初衷，就是为社会做出更大的贡献。

个体心理学采用科学方法，也获得了同样的结论。相比于政治或宗教等其他运动，个体心理学更进一步，因为科学大大增加了人类对其同类的兴趣。我们从各种角度探讨这一问题，但目标始终是增加我们的社会感。

对于人生的意义，我们可以有不同的看法，但正确的意义和错误的意义带来的结果却有天渊之别。正确的意义能让人类的事业更上一层楼，错误的意义却像魔鬼一样可怕。所以，我们必须了解意义是如何产生的，并探明其中的差异，如此才能在意义发生重大偏离时，迅速加以修正。上述问题其实都属于心理学范畴，而心理学和生物学、生理学的一个重大差异，就是它可以通过了解意义以及意义对人的影响，提升人的幸福指数。

错误的人生意义是如何产生的

从出生的那一刻起，我们就在追寻自己的人生意义。

即使是婴儿，也会以自己的方式评估自己的力量及这种力量在环绕着他的整个生活中所占的比重。5岁的孩子在面对问题时，已经有一整套独特而固定的行为模式。这时，"对自己和世界怀有什么期待"这一概念已经深深地扎根于孩子的心底。在此基础上，他就形成了一张固定的统觉表，并且通过这张表来观察世界；所有的体验都必须先经过解释，才能被接受，而这种解释又是依照最初赋予人生的意义而进行的。即使这种意义错得非常离谱，即使这种处理经验的方式会使人吃尽苦头，它们也不会被轻易放弃。

只有重新审视造成这种错误解释的情境，找出错误的源头，并修正统觉表，这种错误的人生意义才能被矫正过来。

有时，错误的人生意义所引发的惨烈后果，可能使某些人幡然醒悟，从而改变自己的人生意义。他为此付出了卓绝的努力，并最终取得了胜利。可是，有些人耐受力很强，社会压力终究无法使他警醒，结果，尽管人生困难重重，他却始终没有放弃以前的错误方式。通常来说，想要修正错误的观点，必须找了解内情的专家帮忙，最终得到更加合理的人生意义。

童年经历可以用许多不同的方式来解释。童年时期的不幸经历可能会被赋予截然相反的意义，虽然那段经历让童年不幸的人们同样重视快乐的体验，同样对外部环境充满戒备。第一种人会想："我一定要改变这种严酷的环境，给我的孩子一个快乐的童年。"第二种人想："为什么受欺负的总是我？这个世界不公平！世界这样对待我，我为什么要善待这个世界？"他们对自己的孩子说："我小时候也吃过很多苦，我都熬过来了。为什么你就不该吃些苦头？"第三种人可能会这么想："由于我的童年这么不幸，所以我做什么都是情有可原的。"这三种人的解释都会表现在各自的行为上。只有改变他们的解释,才有可能改变他们的行为。

在这里,个体心理学扬弃了决定论[1]。决定成败的不是经历,因为经历无法真正决定人的行为,我们只会选择性地用经历来支持自己的目标。真正决定我们行为的,是我们赋予经历的意义。我们以某种特殊经历为基础建立起来的人生意义,也许是错误的。意义不是被环境所决定的,意义是我们赋予环境的,而这个意义反过来决定了我们的行为。

不过,由于童年生活环境而塑造出错误人生意义的情况,比比皆是。大多数失败者来自在这种塑造出错误人生意义的环境中长大的孩子。首先是那些体弱多病或者有先天缺陷的孩子,由于外界的压力和身体上的痛苦,往往很难体会到奉献才是人生的意义。他们大都只关心自己的感受,偶尔才会因为亲人的努力稍有转移。他们比别人更容易感到沮丧。更何况,在现代文化中,他们总是处在别人的怜悯、揶揄或疏远之中,自卑感怎能不日益加深?这种可能使他们很难相信自己也能对社会有所贡献,并认为自己被这个世界所侮辱。研究身体残疾或内分泌异常的儿童所面临的困扰,不是为了证实有生理缺陷的孩子要经过多少辛酸和努力才能走上成功之路。生理缺陷和错误的生活方式之间没有直接联系,内分泌腺对每个人的效果都不一样。

---

1. 决定论,又称拉普拉斯信条,这种学说认为自然界和人类社会存在普遍的因果联系。心理学中的决定论认为,人的所有活动都有前因可寻,是先前某种原因或几种原因的必然结果,可以通过先前的条件和经历预测人的行为。——编译者注

很多孩子克服了这些困难,最终走向了成功。个体心理学并不会在这方面鼓吹优生学。历史上有很多杰出人才都有生理缺陷。他们有的身体很差,有的甚至英年早逝,可是这些不惧艰险的勇者,为社会做出了许多贡献。这些人从未因困境和磨难而低下高傲的头颅。只看身体,我们无法判断心灵的发展将会变好或变坏。事实证明,体弱多病和身有残疾的孩子之所以会只对自己感兴趣,最终走向失败,很大程度上是因为身边的成人没有给予他们正确的引导,因为人们不知道这些孩子到底需要什么,面临的真正困难是什么。

一个被宠坏的孩子很容易产生错误的人生意义。他往往会期待别人把他的意愿当成圣旨。他认为,自己天生就与众不同,是天之骄子,想要什么不需要自己去努力,只要张张嘴,甚至使个眼色,就会有人送到他面前。如果受到忽视,或者发现有人把注意力放在别人身上,他就会若有所失,觉得世界亏待了他。他只想索取,不想付出,并以这种心态与人交往。身边人的溺爱使他丧失了独立性,使他对自己的能力失去了信心。遇到困难,他只能想到一个解决办法——撒娇使气,让别人帮他解决。在他看来,改善生存环境的办法或许只有两个:一个是获得突出的地位,一个是强迫别人承认他与众不同。

很多被宠坏的孩子最后成了我们社会中的危险分子。在这些人之中,有的通过逢迎他人掌握权柄,再以自己的权柄来奖赏那些逢迎自己的人,他们败坏了道德风气和协作环境;有的敌视所有不再逢迎、顺从他们的人,他们觉得自己被出卖了,他们认为社会对他们充满了敌意,甚至想要恶毒地报复所有人。

他们把否定他们生活方式的社会视为充满敌意的社会，所以惩罚并不能使他们矫正自己的人生意义。他们只会不停地告诉自己："所有人都在跟我作对。"被宠坏、形成了错误人生意义的孩子所犯的错误虽然形式各不相同，但本质却是相同的。为此，有些人采用怀柔的手段，但有些人则使用暴力，还有一些人，两种手段齐头并进。无论他们采取哪种手段，目标都是一样的。他们认为人生的意义是"爬上金字塔的顶端，成为万众瞩目的焦点"。为了达成这一目标，他们可以不择手段。只要他们继续坚持这种错误的人生意义，他们所采取的每种手段都是错误的。

　　被忽视的孩子也容易形成错误的人生意义。受忽视会使孩子不知道爱与合作是什么。他们在解释人生的时候，没有把这些友善的力量考虑在内。他总是夸大事情的难度，怀疑自己的能力，低估旁人的帮助和善意。这不难理解，因为他从未感受过他人的温暖，认为世界本就冷漠。他更不知道他能够用对别人有利的行为来赢得感情和尊重。因此，他既不相信别人，也不能信任自己，他坚信所有的感情和尊重都是一种利益交换。可是，感情的地位是任何经验都取代不了的。对一个母亲来说，最重要的事情莫过于取得子女的信赖，并将这种信任感扩展到子女生活环境的各个方面。只有和孩子在感情、兴趣、合作等方面建立亲密的联系，孩子才能对社会发生兴趣，和人交朋友。人天生就有对他人发生兴趣的能力，只是这种能力不进则退，需要引导、开发和磨炼。

　　忽视、排挤和欺辱，会严重损害孩子和外界接触的兴趣。为了保护自己，他会选择一种较为封闭的生活，如此一来，他就很难了解合作的重要性，找到自己和他人的共性。众所周知，在这种情况下，个体很容易走向灭亡。

任何一个孩子，如果完全得不到关怀和照顾，恐怕早就死了。因此，这里所说的忽视并不是完全的忽视，只是相对于其他孩子而言，得到的照顾比较少，或者在某方面被忽视了，但在其他方面并没有。被忽视的孩子戒心很强。很多生活中的失败者，其出身都是孤儿或非婚生子。通常，我们都把这种儿童列为被忽视的儿童。

生理缺陷、被宠坏和被忽视，是导致错误人生意义的三大原因。在这些情况下长大的孩子看待问题的方式往往也是错误的。如果没有得到帮助，他们很难自我矫正，需要有人帮助他们选择较好的人生意义。

最初记忆对人生意义的影响

梦和联想确实很有用。做梦时和清醒时的人格是相同的，但是在梦中，人的社会压力较轻，真实的人格能够不经掩饰而表现出来。不过，想要切实了解一个人的人生意义，最好的办法是追寻他的记忆。任何能被人记住的事情，都是有价值的。人只会记住自己人生旅途中的重要事项。记忆会悄无声息地提醒人们："这是你应该期待的""这是你应该躲避的""这就是人生"。没人能否认记忆的价值。

如果我们想要了解一个人最初塑造其人生意义的环境和这

种意义存续的时间,就必须了解这个人幼年的记忆,这非常重要。因为这些记忆代表了他对早期生活环境的认知和评价,是一种综合性的感悟,包括他对自己外貌的认知、自我概念的塑造和别人对他的期望等。除此之外,这些记忆还是人的主观意识对自己的最早记录。从这些记忆中,我们可以明显感觉到,人的自我定位其实非常危险和脆弱,远非大家想象的那么安全和强大。从心理学的角度来说,记忆之所以重要,不是因为人们确实相信记忆的真实性,而是人们如何解读、定义这些记忆,以及这些记忆会如何影响当前和未来的生活。

接下来,我们要说的是几个关于最初记忆的案例以及由此产生的人生意义。

"看见这个伤疤了吗?是我小时候咖啡壶掉下来烫的,好惨!"不用惊讶,人生就是这样。有很多无法摆脱孤独的女孩,会以这种方式来描绘自己的人生,因为父母、亲人没能好好照顾她而满心怨愤。使脆弱的婴儿落入险境的粗心父母,实在是多不胜数。

在另一个与最初记忆有关的案例中,也有这样的情况。"我隐隐约约记得,大概是3岁的时候,我从儿童车摔了下来。所以,我经常梦到世界末日:我梦见自己忽然惊醒,发现外面一片火光,星辰穿过大气层冲向地球。好在不等地球毁灭我就被吓醒了。"她说她害怕人生出现的任何困难,即使是很小的挫折,也会让她胆战心惊、焦虑不已。这就是最初记忆对她的影响,她在潜意识里对灾难和挫折充满恐惧。

有个12岁的男孩,因为晚上尿床,经常和母亲吵架,被送

第二讲　人生意义是由个人决定的吗

进医院接受治疗。当被问及最初的记忆时,他说:"我藏在柜子里,妈妈以为我走丢了,惊慌失措地在街上喊着我的名字。"所以,我们认为这段最初的记忆让他形成了通过制造问题来获得关注的人生意义,他从欺骗中汲取安全感,只要觉得受到了忽视,就会想办法说谎欺骗身边的人。为了获取关注,他在夜里尿床。母亲的紧张和焦虑,使他深信只有尿床才能吸引母亲的关注。和前面的案例一样,他很早就有这样的想法:人生充满危险,只有使别人担心才能保证自己的安全。他以这种方式力图确保自己在遇到危险时,别人会挺身而出。

有个35岁的女人,她的最初记忆是这样的:"我13岁时,曾经一个人进入地窖。那里很黑,我沿着楼梯慢慢往下走。忽然,我的堂哥冲进来,吓了我一跳。"这段记忆表明,她是一个孤僻的女孩,不喜欢和其他孩子,尤其是男孩子在一起。我们据此推测她是独生女,事实的确如此,而且她35岁时仍然单身。

从下面这个例子中,我们可以看到早期记忆在增强社会感方面所发挥的作用。

"我记得妈妈曾经让我用婴儿车推妹妹出去玩。"这段记忆表明,她只有和比她弱小的人在一起才感觉自在,而且她很依赖母亲。让年长的孩子帮忙照顾年幼的孩子,可以使他们学会和母亲合作,使他们对弟弟妹妹产生兴趣,并承担起保护弟弟妹妹的责任。这样,他们就不会因父母把注意力集中在弟弟妹妹身上而感到自己的地位受到威胁。

一个人想和别人在一起,并不意味着他有真正的社会感,也许只是害怕孤独。有个女孩这样描述自己的最初记忆:"我和

019

姐姐还有两个女孩一起出去玩。"显然,她当时正在慢慢学习与人交往。"我最怕没人理我。"不难想象她内心的挣扎,由此可以看出,她很可能会成为一个缺乏独立性的人。

只要发现并了解一个人的人生意义,我们就把握了他性格的钥匙。有人说,性格是无法改变的。其实这种说法只适用于那些找不到性格钥匙的人。但是,我们说过,想要改变一个人错误的人生意义,就必须找出这种错误的根源,否则再多的咨询和治疗都是徒劳的。唯一有效的方法是,训练他们与人合作、更勇敢地面对人生。

合作也是我们远离精神疾病的唯一保障。因此,我们应该鼓励孩子与别人合作,并有意识地训练他们与人合作的能力。任何妨碍合作的不利因素都会导致严重的后果。比如,被宠坏的孩子只对自己感兴趣,对别人则完全没有兴趣,他们很可能把这种态度带到学校。他对学习有兴趣,只是因为他认为这样做能得到老师的关爱。任何事情,只要他觉得对他没有好处,他就不闻不问。当他快要成年时,缺乏社会感给他带来的弊端就会越来越明显。由于没有培养出责任感和独立性,他的素质已经不足以应付生活的考验,心理问题也会随之出现。如果你发现自己陷入了这样的窘境,唯一的出路就是学会与人合作,这是解决任何人生问题最有效的方法。只有互利合作,才能解决问题。而想要学会合作,首先必须明白一件事——人生的意义在于奉献。

如果父母、老师和心理咨询师都能了解人在赋予生活以某种意义时可能犯的错误,如果他们自己没有犯同样的错误,我们就有理由相信：缺乏社会感的孩子对自己的能力、对人生的机遇，都可能会有较乐观的看法。

当他们遇到挫折时，不会一蹶不振、投机取巧、推卸责任、怨天尤人以博取同情或关注，或因羞愧难当而自暴自弃，或问："人生有什么意义？它给了我什么？"

他们将会说："我们必须创造自己的生活。这是我们应该做的，也是我们做得到的。我们是自己行为的主人。要创造美好的人生，全靠我们自己！"

如果每个独立自主的人，都能以这种合作的方式来应对人生问题，那么人类社会必将不断进步。

第三讲

每个人都有自己的目标

社会生活对个人影响极大,个人却很难影响社会生活,即使有所影响,范围也很有限。可以说,社会规律是世界上唯一的绝对真理,适应社会是个人的唯一出路。动物为了适应环境,可以长出坚硬的角、锋利的爪子和牙齿等,可是人不行。人只有发展心灵,加强对社会的认知和思考能力,并付诸行动,才能消弭如影随形的不安全感。社会是我们压力的来源,也是我们生存的唯一环境,心灵的所有能力都是在适应社会的基础上发展起来的。

目标是行动的引导者

人类心灵最显而易见的倾向,就是所有的心理活动都指向一个目标。因此,心灵并不是一个静态的整体,而是各种运动着的力量的综合体,这个综合体是一系列原因的结果,并且为了完成一个单一的目标而运动着。这种目的论,这种朝向目标的奋斗,是内置于适应的概念之中的。我们只能想象一个有目标的精神生活,在这个目标下,存在于精神生活中的各种活动都被引导到了这个目标上。

人类的精神生活是由目标决定的。没有人能够思考、感觉、做梦,除非这些活动自始至终都被决定、推动、修改和管理,以实现一个目标。这是由于有机体必须调整自身以对环境作出反应。人类生活的身体和精神现象就是建立在上述基础之上的。我们无法设想心灵的进化,除非它始终有一个目标,而这个目标本身是由生命的动力所决定的。我们可能认为目标本身是变化的,也可能认为它是静止的。

在此基础上,心灵的所有现象都可以看作是在为未来的某些情况做准备。在人类的心灵中,除了一种朝向目标的力量,几乎一无所有。而个体心理学则认为人类心灵的表现无一例外,都是指向一个目标的。

了解了个体的目标,也对这个世界有所了解之后,我们必须理解他的各种行为表现意味着什么,以及这些行为表现在多大程度上有助于他达成目标。尽管由于那个永恒的目标总是处在变化之中,心灵并不遵守自然法则,我们也必须知道这个人需要采取什么行动才能达到目标,就像我们知道手里的石头落地时的轨迹一样。不过,如果有人矢志不渝,始终抱定一个目标,那么每一种心理倾向都必然伴随着某种冲动,就好像它在遵守自然法则一样。支配精神生活的法则确实存在,但这是一种人为的法则。如果有人认为自己有足够的证据来谈论一种精神法则，他就是被表象蒙蔽了，因为当他相信自己已经证明了环境的不变性和决定性时，他就是在暗中做手脚。如果一个画家想要画一幅画，人们会把一个以画画为目标的人所具有的态度全都归到他身上。人们预测，他将会做出所有必要的动作，带来必然的结果，就像自然规律在起作用一样。但他真的非画这幅画不可吗？

自然界的运动和精神世界的运动是有区别的。所有关于自由的问题都取决于这一点。现在人们普遍认为，人的意志是不自由的。的确，人的意志一旦和某个目标纠缠或捆绑在一起，就会受到约束。而且，既然这一目标往往是由大环境和社会关系所决定的，那么，我们常常会觉得精神生活似乎处在不可改变的法则的统治之下，也就不足为奇了。不过，这种看似存在的法则却无法约束那些否认和对抗自己的社会关系的人，或者说不肯调整自己以适应生活的人。这种人会以自己的新目标为基础建立一套新的法则。同样，共同体生活的法则对那些生活迷茫，并试图消除自己对同伴的感觉的人，也没有约束力。因此，我们必须断言，只有当适当的目标被设定时，精神生活中的运动才有必要产生。

反过来，我们可以通过一个人的行为推断出他的目标。考虑到很多人都不了解自己的目标是什么，这一点显得尤为重要。在实践中，我们必须遵循这样的程序，才能获得人类的知识。由于同一个行为可能有很多含义，这并不总是那么简单。好在有个办法可以解决这一问题，就是收集个体的各种行为，对比之后做一个图表。首先，我们要确定个体的态度，然后找到与这种态度有关的两种行为，再根据时间差异，将这两种行为分别展现为两点，连成曲线。这种方法使我们对一个人的生活有一个完整统一的印象。

童年形成的人生目标不会轻易改变

一个人童年的生活方式和他长大成人后的生活方式，两者之间有什么联系？

有个案例可以帮助我们理解这个问题。有个男人，30来岁，攻击性非常强，尽管成长过程中遇到困难，他还是混得很成功、很风光。他因为严重的抑郁前来咨询，说自己不想工作，或者不想活了。他解释说，他快要订婚了，但他却觉得未来一片黑暗。他被强烈的嫉妒折磨得生不如死，他的婚约也很可能会被解除。每个人都觉得他的未婚妻完美无缺，他到底在嫉妒什么呢？这种对未婚妻毫无理由的质疑，表明问题全都出在他自己身上。这种人在生活中其实并不少见。每当他们对另一个人产生好感，想要靠近对方时，他们却立刻会用充满攻击性的态度来破坏他们本想建立的联系。

接下来，我们不妨分析一下此人的生活方式。首先，我们要从他的人生中找到一件和他当前态度有关的事。经验表明，这件事要从他最初的童年记忆中找。不过我们必须承认，童年记忆的价值很难确定。这个男人最初的童年记忆是这样的：母亲带着他和弟弟到农贸市场买菜，市场里人多，摩肩接踵、嘈杂混乱。母亲把他抱了起来，结果不一会儿又把他放下，抱起了弟弟。原来母亲一开始想要抱起来的就是弟弟，之前抱他是因为认错了人。他当时只有 4 岁，被四周的大人挤得东倒西歪，非常害怕。在叙述这段记忆时，他带着埋怨的神情和口吻，这表明他不确定母亲爱不爱他了，他嫉妒弟弟得到了母亲的爱。他当前的性格特点在这段童年记忆中已经有所体现。这进一步证实了前面的论述。我们解释了他当前的状况和童年记忆之间的联系，他非常惊讶，并立即看清了两者的关系。

每个人都是在一个共同目标的指引下行动的。至于这个目标究竟是什么，要看童年的生活环境给他留下了怎样的影响和印象。在成长的过程中，这些影响和印象会让婴儿迅速确立一个明确的人生态度和独特的行为模式。每个人的理想状态，即目标，可能是在他生命的最初几个月形成的。因为人的部分直觉已经足以使稚嫩的婴儿产生快乐或不快的情绪。他们表达喜怒的方式或许极为原始，但心灵早就开始发挥作用了。总之，人早在婴儿期，心灵就已经开始接受外界的影响，并作出反应。当时的目标将牢牢地在他心里扎根，并不会随着之后生活方式的巨大变化而轻易发生改变。

因为适应，所以安全

人每天都要遇到各种问题并加以解决，人心是衡量问题、选择路径的主导因素，所以人心绝不能，也不会是自由和盲目的。心灵只有参照了社会生活规律，才能判断、解决问题。所以，社会生活对个人影响极大，个人却很难影响社会生活，即使有所影响，范围也很有限。社会生活有两个显著特点：复杂性和多变性。当前的状态永远不会是它的最终状态。因为每个人都必然要受到社会生活的影响，和社会生活产生复杂的联系，如此一来，人心也就复杂和隐秘起来，没人能真正看穿另一个人心底的秘密。

想要冲破人心难测这个困境，唯一的办法就是把社会生活逻辑视为世界上一条终极的绝对真理，坚信只要逐步解决由社会生活——主要是个人能力和制度的局限——所引发的各种问题，就能越来越靠近绝对真理。

马克思和恩格斯详细阐述了社会物质层面的问题，我们需要仔细研究他们的观点。根据他们的教导，经济基础，即人生活于其中的技术形式决定了"理想的、合乎逻辑的上层建筑"，即个体的思想和行为。我们提出的"人类社会生活逻辑"和"绝对真理"的概念，在某种程度上与这些概念是一致的。只是历史经验和个体心理学告诉我们，经济压力往往会使个人变得目光短浅，从而草率地作出错误的反应。人在努力摆脱经济压力的时候，可能会不可避免地陷入错误反应的陷阱。在努力靠近绝对真理的过程中，我们需要越过无数这样的错误。

每个人确立的目标，在很大程度上都受到社会的影响。贪生怕死是人的本能，所以我们从小就在社会的束缚中寻找着一条既能保证自身安全，又能与外在环境相适应的道路。也许在婴儿期，我们就已经知道在现实中做到哪一步，才算获得了真正的安全。需要注意的是，这里所说的安全，不是脱离险境的安全，而是一种舒畅优越的生存环境，一种普遍意义上的安全系数，就像机器在某个安全系数内才能以良好的状态运转那样。对我们来说，平安长大这种层次的安全是不够的，因为我们心里还有控制别人、超越别人的欲望。别以为只有大人才有这种欲望，小孩子也有。凌驾于所有竞争者之上，这是人从小到大一以贯之的欲望。在儿童时期，优越感可以帮助我们实现一早就已制定的两个目标：获得安全感、证明自己有强大的适应能力。所以，孩子会想方设法获得优越感，目标越明确，心底的不安就越重。而在人逐渐长大的过程中，这种情绪还会越来越强。

遇到必须即刻作出反应的紧急情况，因为害怕应对失当从而受到责难，于是寻找借口以逃避责任，这种行为其实反倒暴露出了人心里对优越感的渴望。以逃避的态度面对紧急情况的人，如果有充足的思考时间，也可能会选择迎难而上。人心里的目标虽然一致，行动却可能截然相反，因为人心的反应不是恒定不变的，这点尤其需要注意。换句话说，心灵的反应未必是最终答案，因为它有很强的片面性和暂时性。孩子是这样，成人也是这样。所以我们在评价自己的心灵时，目光一定要放长远一些。同样的事情，悲观的心态和乐观的心态会带来截然不同的结果。一个人如果不相信自己有能力解决问题，就会觉得世界一片灰暗，性格变得懦弱、内向和多疑。

在整个自然界中，人类只能算是一种低等生物，潜意识里就有一种根深蒂固的自卑感和不安全感,在这两种因素的刺激下,人类无时无刻不在思索更好地适应自然环境的方法和技巧。我们想要创造出绝对安全或者危险系数最低的环境,本能地想要消灭一切威胁自己生命的元素。我们需要提升适应能力和安全感,心灵便是由此而生。

提升适应能力的方法有很多,比如长出坚硬的角、锋利的爪子和牙齿等,可是如此一来,人性的发展就会受到抑制,人类就无法摆脱半人半兽的原始状态。在这种情况下,只有发展心灵,才能弥补身体不够强壮的缺陷。如影随形的强烈的不安全感,使人磨炼出了一颗具有思考和认知能力、能够支配一切行动的心,使人学会了如何预测和抵御危险。欲望或意愿的倾向就是由此而来。由于缺乏安全感,人总想做些什么以提升适应感。对意愿的感觉和向往,让人有了行动的力量。所以,一切主动行为都以安全感匮乏为动力,为的就是获得满足和安宁。

社会对人类的适应过程起到了举足轻重的作用,人心在一开始就应该考虑到当前的社会状况。可以说,心灵的所有能力都是在适应社会生活规律的基础上发展起来的。既然社会生活规律具有普遍的适用性——这是一切规律的基本特点,那么,想要预测人心的发展趋势,就应该探明社会生活规律的来龙去脉。

以语言的产生为例。在社会生活中,清晰准确的语言是一个重要的工具。语言是人类创造出来的奇迹,因为有了语言,人类和动物就有了截然不同的区别。语言是为了满足社会生活的需要才被创造出来的,具有普遍的适用性。只有在社会生活中,语言才有存在的必要。社会成员需要通过语言来进行交流,以建立更加紧密的联系。那些离群索居的人要语言有什么用呢?

语言对人类心灵的发展具有极其重要的价值。只有借助语言,我们才能进行逻辑思维,才有可能形成概念和区别不同的价值观。概念的形成不是个人的私事,它关系到整个社会。我们的思想和情感只有在我们假定了它们的普遍效用的前提下才是可以想象的;我们对美的欣赏是基于这样一个事实:对美的认知、理解和感受是普遍的。由此可知,理性、理解、逻辑、伦理学、美学等思想和概念,都源于人类的社会生活,同时又是将每个愿意维护文明的个体凝聚在一起的纽带。

第四讲

▽

社会感是人性的选择

从根本上说，相比于追求个体优越感，人更倾向于追求社会感。这是因为，后者更有理性，更容易获得安全感。追求个体优越感，其参照体终究只是个人，不如以社会为参照体更加牢靠。脱离了社会感的个人智力，包括认知能力、理解能力和逻辑思维能力，就像失去了水源的植物。一个人如果从未参与到社会生活中，其思维能力，就算有，恐怕也比普通动物强不了多少。事实上，我们每个人都生活在社会感带给我们的安全感中，它无处不在，早已成了我们生活的支柱。

社会感，比天性更接近人性

绝大多数人都有和他人建立关系的欲望。人们希望和别人建立合作关系，通过完成工作来增加在社会生活中的价值，这种现象在心理学上叫作社会感。人们对于社会感的说法虽然各有不同，不过，有一个比较新的观点，认为社会感这种现象和人性的定义密不可分。

如果说追求优越感是人的天性，那么对社会感的追求相比于天性，一定更接近人性。追求社会感和追求优越感均以人性为基础，具有相同的核心。人在表现原始欲望的过程中，会同时体现出这两点。换言之，为了获得他人的认可，人们采用了两种不同的表现方式。但归结起来，只是因为人们在判断人性时采取不同的角度。如果站在追求优越感的层面上，你可以说，个体可以超越群体而存在，但若站在追求社会感的层面上去理解，在某种程度上，就是个体的存在需要群体了。

通过比较这两种判断人性的方式，我们可以得出这样一个结论：从世界观的角度来说，相比于追求个体优越感，人更倾向于追求社会感。因为追求社会感，比追逐个体优越感更富有理性和逻辑性。追求个体优越感这种心理现象虽然也十分常见，但其参照体终究只是个人，在这个层面上理解世界观，容易浮于表面。

所以说，从人类史的意义去理解社会感，更符合真理，也更具有逻辑性。回溯历史，人类由始至终过的都是群居生活，这是人所共知的事实。个体脆弱的动物只能以群体生活的方式来保证自己的安全。对比一下人类的生活和那些独居生物（比如老虎）的生活，你会发现我们的身体简直不堪一击。很多体型与人相当的动物，因为有自然赋予的强悍身体，能够独自完成防御或攻击任务。达尔文发现那些未曾被大自然赋予众多防御能力的动物，基本都选择了群居生活。比如，同样是猿类，大猩猩因为体型健硕、攻击力强，一般会选择独居，而体型较小的猴子则以家族为单位群居而生。达尔文说，动物之所以选择群居生活，是因为大自然没有赋予它们足够的防御能力，它们要靠群体的力量来弥补自身不足，事实正是如此。

群居生活不仅可以弥补个人在身体方面的不足，还能创造新的生活方式和更安全的生活环境。比如猴群休息时会派几只猴子去外围站岗，行动时会派几只猴子去前方探路。动物学家发现，群居动物通常会建立一些类似法律的制度，比如外出执行侦察任务的动物，必须按照既定方式行动，若有违反，必定受罚。

在这方面，人类的历史中也有一些有趣的发现，比如历史学家颇为重视的、在古老法典中专门针对守望者所作的规定。由此推断，群居其实是无法以个体力量保护自己的动物选择的生活方式。所以从某种意义上讲，动物的社会感与个体力量呈负相关，换句话说，动物的个体力量越差，社会感就越充足。所以，幼儿阶段最适合培养人的社会感，因为在那个时候，个体的力量最弱。

在自然界中，没有哪种动物像人这样需要十几年的时间才能发育完全。孩子的生理特点，决定了父母必须耗费大量时间来照顾他们，以保证人类种族的延续，而这也正是培养孩子社会感的最佳时机。

在我们的风俗民情中，有很多观点其实是因为无法为社会发展带来助益，所以才被贴上错误的标签。任何人的成功和成就都无法在脱离社会的情况下取得，只有顺应社会感的推动，积极投身到社会生活中才能达成。

以语言为例，一个人的世界是不需要语言的。毫无疑问，人类就是为了适应公共生活的需要，才创造了语言。语言是连接个人和群体的桥梁，是群居生活的必然结果。如果环境里只有一个人存在，他根本不会对语言产生兴趣。所以，一切以语言为对象的心理学研究，都要以社会生活为基础。在与世隔绝的环境中长大的孩子，绝不会成为一个能言善辩的人。换句话说，你若想发展语言能力，就要频繁地和人接触、讲话。

有些人把沟通能力视为一种天赋才能，事实并非如此。如果一个人表达能力很差，他的社会感大抵也十分匮乏。人爱不爱说话，是否善于表达，和他的成长环境有很大关系。

有些父母溺爱孩子，殊不知太过体贴周到，也会使孩子失去表达诉求的机会。因为在他开口之前，父母全都安排好了。日久天长，孩子一直不需要多说什么，自然而然也就失去了沟通能力和适应社会的自我调节能力。还有些父母很少向孩子发问，或者从不给孩子表达意见的机会。有些人则会在孩子表达意见时嘲笑他们，这种行为非常恶劣，因为这会严重打击孩子的自信心。如果你有了孩子，千万不要没完没了地挑毛病，即使他说错了话，也不要笑话他，否则，挫败感会令孩子越来越不敢说话。

还有一个例子，可以表明人的能力和社会感之间的关系。有个孩子，声带和耳朵都没有问题，受伤的时候，却从不会哭出声，只会对着父母默默流泪，因为他的父母是聋哑人。在他

第四讲
社会感是人性的选择

看来，流泪已经可以告诉父母自己的痛苦了，没必要哭出声来。

社会感是人类各种能力得以发展的先决条件。脱离了社会感的理解力和逻辑思维能力，就像失去了水源的植物。一个人如果从未参与社会生活，其思维能力，就算有，恐怕也比普通动物强不了多少。但任何人只要生活在社会中，就要通过语言、逻辑思维和常识与人交往沟通，因为他无法抵御自身发展社会感的需要，也渴望拥有这种情感。从逻辑上说，这也是人的最终目标。

有时候，我们觉得有些人行事不合常理，但对他们来说，却是符合其自身目标的合理做法。自以为是的人尤其如此。这种情况告诉我们，人的判断在很大程度上要受到社会感因素和常识认知的影响。人所处的社会环境越复杂，需要解决的难题越多，需要掌握的社会常识也就越多。为什么文明社会的人在思想上远没有原始社会的人简单？因为他们遇到的社会情况更复杂，面临的生存压力也更大。

每个人都必须承认语言能力和思维能力对人类的重要性。我们发现社会感对这两种能力的发展，起到了至关重要的作用。如果每个人都想要摆脱当下的社会规则，用自己的语言与人沟通，用自己的方式解决问题，不难想象，社会将会混乱不堪。事实上，我们每个人都生活在社会感带给我们的安全感中，它无处不在，早已成为我们人生的支柱。相比于社会安全感，逻辑思维和真理带给人的安全感也许更加强烈、更加可信。但是如果没有社会安全感，人们就不会如此信任逻辑思维和真理了。人们对数学计算的认可度和接受度非常高，总觉得用数字表现出来的东西更加准确可信。为什么？因为大多数人都能在头脑里进行数字演算，它给人的印象也更加直观。与之相比，人们在传播或接受真理时就没那么自信了。因为阐释和分享真理，对任何人来说，都不是一件容易的事。柏拉图也觉得这是一个难题，他总想用数字来阐述哲学思想，希望哲学能回到原始的科学状态，和其他同类科学并驾齐驱。如此一来，我们就能对他的哲学思想有更加清楚的了解。还有社会感，我们在这方面的理解也会容易很多。柏拉图认为，只有从社会感中获得了安全感的人，才是真正学会了生活的人，否则，即使是哲学家，也只是徒有其名。

我们在成长过程中，会接触到各种各样的思想观念，比如伦理道德。可是离群索居的人，不需要伦理观，因为这些观念只有在需要顾及他人或某个群体的利益和感受时，才能发挥其价值。大部分人都在时代的裹挟下前行，对健康、力量这一类概念都有较为正确的理解，对艺术的感受自然也不会相差太多。事实上，我们很难给艺术下一个准确的定义，每个人的理解和感受都不一样，甚至还有一些非常个人的、需要发挥想象的东西。但无论如何，即使是艺术和美学，也要从社会感中汲取养分才能发展。

想要确定一个人社会感的发展情况，最直观的方法就是看他的行动。比如他是不是只顾追求个人优越感而不顾他人感受，如果是，那么相比于那些尽可能保持低调的人，他在社会感的发展上就确实有些不足。需要注意的是，当今社会，每个人都有超越他人的愿望，也就是说，社会感不足的情况其实非常普遍。为此，从古至今几乎所有的道德家和批评家都对人性持消极态度，认为自私是人的天性，所谓先人后己都是后天教育的结果。

总之，一切保障人类生存的规则，比如法律、图腾、禁忌、信仰、教育，都在社会规则之下，且要适应社会规则。即使放在宗教体系中，一样可以得出这样的结论：心灵最重要的任务就是与社会生活相适应。这一点不管从个人的角度上看，还是从群体的角度上看，都是如此。说到底，我们所谓的公正、正直，以及人们眼中最有价值的性格，都是为了满足人类社会的需要。社会生活的需求塑造了人类的心灵，一切心理活动都是在它的引导下发生的。责任感、忠诚、坦诚、崇尚真理等美德，之所以能够产生并延续至今，是因为它们满足了社会生活的需要。由此可知，我们只能站在社会的立场上来评价一种性格是好还是不好。和科学、政治、艺术等方面取得的成就一样，人的性格也要在证明它的普遍价值之后，才能引起人们的注意。也就是说，我们评价个人价值的标准其实是某个理想化形象的社会价值。这个形象可以通过对整个社会有益的方式来解决人生中遇到的难题，大大提高社会感。福特·缪勒说，这是能够用社会规则来掌控自己人生的人。

在之后的阐述中，我们会越来越深刻地意识到：只有和他人建立合作关系，磨炼自己作为社会成员所必需的技巧，才能拥有健全的人格，成为一个符合社会标准的人。

我们怎样认识世界

认识环境、适应环境，这是人心的一项基本能力。除此之外，它还可以按照对外部环境的认识，循序渐进地以某个确定的目标为中心，建立一套理想的行为模式。从人出生的那一刻起，这个过程就已经开始了。虽然直到现在，我们还没找出一个清晰准确的术语来概括心灵的这些表现，但它的存在是确定无疑的，且和人类心中的不安全感密切相关。心灵的一切活动，都以目标的确立为起点（有了确定的目标，心灵才开始行动）。

众所周知，目标的确立是以应对改变的能力和行动能力为基础的。其中，行动能力尤其重要，因为它可以使心灵变得更加丰富多彩。当婴儿第一次站起来时，他会看到一个全新的世界，并本能地感受到潜藏在这个世界里的威胁。他不知道自己为什么会有这种感觉，也无法摆脱这种感觉。行动上的第一次尝试，尤其是学习走路时所遭遇的各种打击，或许会使他变得越发顽强，但也可能使他彻底失去信心。大人眼里的寻常小事，可能会对孩子的心灵产生巨大的影响，因为这些小事是他认识这个世界的基础。比如，在行动上遇到过困难的孩子，往往会喜欢那些激烈、迅速的运动。只要问问他们最喜欢哪种游戏或长大后的愿望，就能发现这样的趋向。运动受挫的孩子通常会说，自己长大以后想当赛车手、火车司机，诸如此类。这清楚地表明他渴望消除自由行动的一切阻碍。他的人生目标就是通过迅疾的运动消除心底的自卑感和障碍感。越是发育迟缓或体弱多病的孩子,越容易有这种自卑感和障碍感。比如,先天视力不好的孩子更喜欢通过眼睛来了解这个世界,先天听力不好的孩子,更喜欢聆听音乐,尤其是那些欢快的曲调。

孩子会动用一切身体器官来了解这个世界,在这一过程中,感觉器官的作用尤为重要。可以说,孩子和世界最基本的联系,完全是通过感觉器官建立起来的。人们借助感觉器官建立了自己的世界观。在所有器官中,能够观察世界的眼睛无疑最为重要。当我们睁开眼睛看到这个世界时,就被其深深吸引了。就这样,视觉印象成了人们吸取人生经验最重要的工具。相比于耳朵、鼻子、舌头、皮肤之类的感觉器官,眼睛的重要性无与伦比,因为前者带给人的刺激往往比较短暂,而对周边事物的视觉印象却会在人的脑海中停留很长时间。当然,也不是所有人都是如此。有些人听觉器官尤其发达,主要靠耳朵来收集信息和印象,显然,他的心灵也是听觉型的。偶尔也能看到一些人的优势器官是运动细胞,还有一些人,在嗅觉或味觉上表现得格外敏锐。比较起来,嗅觉极端灵敏的人,还是比较少的。除此之外,还有些人的优势器官是肌肉系统,所以从小就表现出了一种焦躁好动的特质。他们童年时就在不停地运动,长大后尤其如此。这种人喜欢需要使用肌肉群的活动,连睡觉时都要翻来翻去。我们必须把那些总是"坐立不安"的孩子加入此列——他们的焦躁不安经常被视为一种恶习。

如果孩子没有强化某个器官(既可以是运动器官,也可以是感觉器官),以接近这个世界,那么他存活的概率就会很低。

孩子需要通过自身较为敏感的器官来认识外部世界，形成自己对外部世界的整体印象。如此一来，我们如果知道了一个人用哪种器官或器官系统来认识世界、和世界建立关系，就能通过对这种器官或器官系统的了解，在一定程度上了解这个人。因为他的一切关系都受这一事实所影响。想要了解某个人的行为动机，只要弄清他童年时期世界观形成的过程中，器官上的缺陷发挥了什么样的作用即可。

认识世界的三大要素

永恒的目标决定了我们的一举一动，也影响着那些特定心理能力的选择、强度和活动，这些心理能力为我们认识世界提供了形式和意义。这就解释了这样一个事实：我们每个人只经历了整个世界的一个特定的片段，或者一个特定的事件。我们每个人都只看重与自己目标相符的东西。如果缺乏对一个人暗中追求的目标的明确理解，那就不可能理解一个人的任何行为；在我们知道他的整个活动如何受到这个目标的影响之前，我们也无法评估他的行为。在人认识世界的过程中，知觉、记忆和想象这三种心理能力的作用不可估量。

首先是知觉。

感觉器官将来自外部世界的印象和刺激传递给大脑，并在其中留下一些痕迹，这些痕迹构成了想象和记忆的世界。需要注意的是，在任何情况下，知觉和照片都有着本质的区别，因

第四讲
社会感是人性的选择

为前者必然带着独属于感受者的个人特性。眼睛看到的,不等于我们感受到的。没有人会对同一片景物产生完全相同的感受。人们从环境中感受到的只是与自己早已形成的行为模式相符的事物。视觉敏锐的孩子,其感知能力必定带有明显的视觉特征。在为自己描画这个多彩的世界时,大多数人可能是以视觉思维的方式进行的,但也有一部分人,主要依靠听觉。知觉和现实世界总会有些出入,每个人都会按照自己的生活方式来调节自身和外界的关系。这样看来,人和人之所以不同,是因为每个人的感知内容和感知方式不一样。知觉不只是单纯的生理现象,更是一种心理机能。对这种能力的深入了解,可以让我们全面而深入地了解他人的内心世界。

其次是记忆。

心灵除了感知事物,还要对事物进行加工。人的自由行动既是心理活动的目标,也是心理活动的依据,两者有密切的联系。为了更好地生存,人必须从外部环境中收集各种信息,而心灵作为一种适应性调节器官,则要整理这些信息和刺激,并安排各种机能的发展。因为这些机能对人的自我保护和生存发展,发挥着至关重要的作用。

我们知道,面对人生中的问题,每个人的反应都不一样。而这些反应会在我们心里留下印记。在人与环境相适应的过程中,记忆对心灵有着不可忽视的作用。没有记忆,人就无法对灾祸产生警惕,由此推断:每一段记忆都有其必然性,藏着某种无意识的目的(不是为了激励我们继续这么做,就是为了警告我们不要再犯类似的错误)。没有哪段记忆是微不足道或者一文不值的。所以，只有切实了解隐藏在记忆背后的目标和目的，才能真正明白这段记忆的价值。

知道人们为什么记住这些事而忘记那些事，也很重要。能让我们记住的事，多半对某些特定的心理倾向非常重要，能促使某种重要的潜在行为发生。反过来，那些对计划的完成毫无益处的事，则会被我们忘记。由此可知，记忆也有目标性，一切记忆都受到指引整体人格的目标所支配。有利于实现目标的长期记忆，比如童年时代的那些混乱和主观的记忆，就算是错误的、虚构的，也会成为一种具有指导意义的态度、情调甚至哲学思想。

最后是想象。

如果说世间还有什么东西能够最为清楚地展现一个人的独特之处，那一定是他的幻想和想象。这里说的想象，指的是在知觉的对象不在场的情况下，对知觉的再现。换句话说，想象是被再现的知觉。这是心灵有创造力的又一个证据。想象不只是知觉的重复（知觉本身就是心灵创造力的产物），而且是建立在知觉基础上的一种全新的、独特的产物，就像知觉是在物理感觉的基础上创造出来的一样。

总之，人要有认知能力才能认识这个世界，而知觉、记忆、想象的能力，便是认知能力的基本要素。认知能力和认知方式的差异，决定了每个人的世界观都不一样。每个人都只关心和自己的目标相对应的事物。要真正了解一个人的行为，必须先了解他在心里为自己树立的目标。我们必须明白，他的每个活动都受这个目标的影响，只有这样，才能全面、深入地评价他的行为。

虚假的世界：幻觉

前面我们说过，想象是对知觉和记忆的艺术加工，具有强烈的个人特色。幻想是想象的一种特殊情况，它比想象更为清晰具体。正因为如此，幻想不仅仅是想象的产物，也能像真实存在的事物一样刺激个体的行为。由某种现实事物刺激产生的幻想，就是幻觉。幻觉产生的条件，和白日梦产生的条件没什么不同。一切幻觉都是心灵的艺术创作，是基于特定个体的目标设计而产生的。

有个例子可以说明这一情况。

有个年轻女孩，既聪明又漂亮。她不顾父母反对嫁给了一个穷小子，父母非常恼火，和她断绝了关系。她觉得父母不爱她，时间越长，这种感觉就越强烈。他们原本有很多机会可以重归于好，但是由于双方的傲慢和固执，许多和解的努力都失败了。

结婚之后，女孩的生活水准一落千丈。过去，她衣食富足、受人尊重；现在却穷困潦倒，骤然意识到人生中有那么多需要克服的困难。表面上，她没有流露出一点婚姻不幸的迹象。若非发生了那件怪事，人们还以为她早就适应了这种贫困的生活呢！

女孩和父亲关系曾经十分亲密，父亲对她关怀备至、视若珍宝。正因如此，现在的决裂才如此引人注目。她结婚后，父亲一次都没见过她，更别说表达关心爱护之情了。连她生孩子的时候，父母都没去探望。在女孩最需要关爱和照料的时候，父母表现得如此无情，这严重伤害了她的感情，她的骄傲使她始终无法忘记这件事。

需要注意的是，女孩此时的情绪完全被自己所追求的目标控制了。正是这种性格特点，使我们得以清楚地感受到，和父母关系破裂这件事，对她的影响有多深。

女孩的母亲端庄正直，有很多优良品质，尽管她对女儿很严厉。她能掌握尊重丈夫意愿和保证自身地位之间的平衡，至少表面上看是这样。在别人看来，她是一个对丈夫千依百顺的女人，她也以此为荣。女孩的哥哥和父亲很像，日后将成为家产的继承人。毫无疑问，在这样一个封建保守的家庭里，父母当然更重视儿子。在这种情况下，女儿的野心被激发出来。这个在比较受保护的环境中长大的女孩，现在日子过得十分贫苦。为此她每次想到父母，想的都是他们对她的苛待和不公，怨恨情绪不断累积。

一天晚上，女孩躺在床上，正准备睡觉，忽然看到圣母马利亚推开房门走了进来。圣母走到她床边，对她说："听我说，我心爱的女儿，你将在十二月中旬死去。我太爱你了，不希望你离开时毫无准备。"

女孩叫醒丈夫，跟他说了幻影的事，言辞间听不出一点害怕。第二天，她去看医生，并把这事告诉了医生，她对自己的眼见耳闻深信不疑，完全不相信这只是幻觉。这种幻影，乍听起来匪夷所思，但只要用我们掌握的专业知识加以分析，很容易就能解释清楚。情况是这样的：这个年轻女孩是一个很有野

第四讲
社会感是人性的选择

心的人。我们观察发现,她的控制欲很强。和父母断绝关系后,她发现自己的处境十分艰难。一个人如果想要控制自己所生活的物质世界里的一切,那他多半只能加强和上帝的交流了,这不难理解。如果圣母马利亚只是出现在她的想象中,就像祷告时那样,那么没有人会觉得这件事有什么特别值得注意的地方。不过她的情况,需要我们深入探讨。

想要拨开迷雾,看清这件事的真相,必须先了解心灵喜欢玩弄的那些小把戏。每个人在陷入困境时都会做梦,只是这个女孩可以在醒着的时候做梦。需要注意的是,忧郁的情绪使她的野心受到更大的压力。现在我们知道,是另一位母亲,而且是大众心目中最伟大的母亲,来到她的身边。她的母亲没来,但是圣母来了。这个幻影其实是对她母亲不够爱她的控诉。

这个女孩正在想方设法证明父母是错的。十二月中旬是一个特别的时间点,每年这个时候,人们都会不由自主地想起自己的家人,然后互相拜访、赠送礼物,有很多充满温情的瞬间,是一个不可多得的和解良机。说到这里,大家想必已经知道这个特殊的时刻和女孩所处的困境之间的联系了。

这个幻影唯一古怪的地方,就是圣母友好的造访居然是为了告诉女孩一个噩耗——她的死期将至。但是,女孩在将这件事告诉丈夫时,用的是一种近乎愉快的语调,这种表现意义深刻。这个预言很快就在她家的小圈子传遍了,第二天医生就知道了。最后,她的母亲也听说了,事已至此,母亲无论如何也要来看看她,就像她所期待的那样。

几天之后,圣母马利亚再次来到女孩面前,说的还是同样的话。我们问那个女孩，和母亲见面时都说了什么。她说母亲不肯认错。她想支配母亲的愿望还没有实现，只好再次请出了圣母。

我们想办法把女孩的实际情况告诉了她的父母，并劝说那位父亲和女儿见一面。相见的场面十分感人，可是女孩仍不满足。她指责父亲言辞夸张，像在演戏，又抱怨他来得太晚，害她苦等。由此可见，即使在胜利的时候，她也无法摆脱这样的倾向：证明别人都是错的，只有她自己被胜利的光芒照耀着。

通过前面的讨论，我们可以得出这样一个结论：当一个人的精神紧张到极点，害怕目标无法达成时，就会产生幻觉。越是蒙昧落后的地区，幻觉的影响力就越大。

众所周知，游记中有很多关于幻觉的描述，比如海市蜃楼。旅人在沙漠迷失了方向，精疲力竭、又渴又累。这时，他们忽然看到了海市蜃楼。当人处于极端危险的境地，巨大的精神压力使人不由得幻想出一种清晰可见的、振奋人心的环境，这不难理解。这里的海市蜃楼代表的是一种新环境，它可以使极端疲乏的人振奋起来，使犹豫不决的人当机立断，使迷途的旅人更加坚毅果敢。与此同时，它也是一种能使人暂时忘记恐惧和痛苦的麻醉剂或止痛药。

因为幻觉和知觉、记忆、想象有很多相似之处，所以我们并不觉得它有多新奇。在我们探讨梦境的时候，我们也会发现同样的过程。通过强调想象力、排除高级神经中枢的判断力，人很容易产生幻觉。在受到威胁、遇到危险，或感到巨大的心理压力时，人会努力通过这种机制来消除和克服软弱感。压力越大，就越难以保持判断能力。在这种情况下，崇尚"全力自救"的人，会聚集自己全部的心理能量，迫使想象力投射到幻觉之中。

人们有时会分不清什么是幻觉、什么是错觉，因为两者不管是在基本情景上，还是在所遭遇的精神威胁上，都极为相像。唯一的区别就是错觉和外部环境还有一些联系，只是人们误解了这种联系，就像歌德的《魔王》[1]那样。

下面这个例子，可以让我们看到人是如何为了满足自己的需求，通过心灵的创造力来引发幻觉或错觉的。有个男人家世极好，家人都很优秀，唯有他因为学业不佳，只当了一个小职员。无望的前途就像一座大山沉重地压在他的心上。亲朋好友的指责，给他带来了巨大的精神压力。为了忘记烦恼，他开始酗酒。可是很快，他就因为震颤性谵妄[2]被送进了医院。谵妄与幻觉密切相关，因酒精中毒而陷入谵妄的病人会在幻觉中看到老鼠、虫子、蛇之类的小动物，以及一些和患者职业相关的事物。

他落在了强烈反对饮酒的医生手里。他们对他进行了严格的治疗，他彻底戒掉了酒瘾，痊愈出院。回家后，整整三年，

1.《魔王》主要讲述的是：父亲抱着发高烧的孩子在黑夜的森林里骑马飞奔，魔王不断引诱孩子投向自己，最后孩子死在了父亲怀里。——编译者注

2. 震颤性谵妄：又称撤酒性谵妄或戒酒性谵妄，是一种急性脑综合征。酗酒者在突然断酒或突然减量的时候，容易出现这种病症。具体表现是定向力障碍、四肢粗大震颤、发热、多汗、瞳孔散大、心动过速，严重的会出现认知障碍、幻听幻视。——编译者注

他滴酒不沾。可是最近他又回到医院。他说有个男人经常在他工作的时候，斜着眼睛、一脸坏笑地监视他。他现在是一名临时工。有一次，他实在气不过，因为这个人在嘲笑他，他就抓起铁锹扔了过去，想看看这个人是真人还是幽灵。没想到幽灵避开了铁锹，冲过来暴打了他一顿。

在这种情况下，我们不能再说它是幽灵了，因为这个幻觉有非常真实的拳头。这是怎么回事？原来他经常陷入幻觉，不过这次遇到的是真人。他的精神状态显然没有因为摆脱了酒瘾就变好，反而更加消极了。他丢了工作，被赶出了家门。为了维持生计，他不得不在工地做小时工。可是这种工作，又是他的亲友甚至他自己最看不起的。所以，他的精神压力并没有变小。戒酒之后，因为无法再用酒精麻痹自己，他的处境反倒更差了。之前靠着酒精，他还能保全面子，当家人指责他一事无成时，他也能以酗酒为借口。对他来说，宁可当酒鬼，也不能当一个无能的人。身体康复之后，他和现实之间的缓冲忽然消失了。他必须直面现实生活的压力。之前，他可以把自己的失败推到酗酒上，可是现在他要是再失败，就什么借口都没有了。

巨大的精神压力，使他再次出现了幻觉。他认为自己和以前一样，仍然是一个酗酒者，并坚持用这个身份来面对世界。他不停地告诉别人，他的一生都被酒精毁了，现在想回头也晚了。他不喜欢挖水渠这份不受尊重、很不愉快的职业，却不肯主动辞职，偏要通过生病来摆脱它。这种幻觉持续了很长时间，最后他又被送去了医院。现在他可以安慰自己说，要是没有酒精，他本可以取得更大的成就。这种防御机制使他可以继续对自己抱有较高的评价。对他来说，保持这种高评价比保住工作重要得多。他所做的一切努力都是为了说服自己，要不是不幸染上酒瘾，他原本可以功成名就。他的前进道路上有一个不可逾越的障碍，这使他在人际关系中仍然可以保持强势，使他觉得自己并不比别人差。他这种想要寻找借口以自我安慰的心情，使他产生了有人在讥笑他的幻觉，他用这个幽灵来挽救自己的自尊心。

第五讲
▽
孤独背后,是对人群的敌视

红尘中的遁世者看起来不会危害社会和伤害他人,其实带着难以言喻的敌对和好战情绪。这种隔离作为一种性格特征,不只出现在个人身上,也出现在社会组织中。他们的敌意、傲慢、自以为高人一等的优越感,背后隐藏着孤独、怯懦、焦虑、愤怒、恐惧等消极情绪。而孤独与隔绝,只会使消极状况越来越糟糕——封闭的个体或群体将越来越落后于时代,与其他个体或组织之间的矛盾越来越深、难以消解。

"远离尘嚣"的危险

有些人就像一只踽踽独行的刺猬,虽然没有明言自己敌视人类社会,却给人一种敌对、孤独的感觉。这种敌视如同山谷间的溪流,迂回曲折、隐蔽难辨。这样的人虽然不会伤害别人,

第五讲
孤独背后，是对人群的敌视

却会想方设法回避社会，不和任何人来往。因此自然无法和人建立合作关系。可是，人生中的很多问题，不与人合作是解决不了的。这要怎么办呢？

不是只有离群索居才叫遁世，遁世有很多表现方式。有遁世倾向的人大多沉默寡言，不能正视别人的眼睛，也不喜欢聆听他人说话。他们拒绝一切社会关系，不管这种社会关系有多简单。如果可能，他们希望不跟任何人接触。他们的一言一行，无论是握手的方式，还是说话的语气，或者打招呼、不打招呼的方式，都带着一种显而易见的冷硬和拒绝，像是在用每一个姿态和人拉开距离。

冷漠和孤立的背后，潜藏着野心和虚荣的身影。他们强化自己和社会的差异，是为了抬高自己的地位，获得崇高的优越感。可惜，他们最多也只能得到想象中的胜利。

这些红尘中的遁世者，看起来不会伤害社会和他人，其实带着难以言喻的敌对和好战情绪。这种隔离作为一种性格特征，不只出现在个人身上，也出现在社会组织中。我们知道，整个家族都和外界断绝来往、谢绝拜访的情况，在社会中并不少见。他们的敌意、傲慢、自以为高人一等的优越感，在这种表现中已经是再明显不过。孤独、自闭的性格特征也会出现在阶层、宗教、种族和国家身上。当我们去一个陌生的城市旅游时，也许会发现，单单从房屋的建筑结构和风格样式就能看出屋主是哪个社会阶层的人。

在社会文化中，把人分成不同的国家、民族、宗教和阶层的风气，可以说是根深蒂固、源远流长。隔绝的结果只有一个，就是使封闭的个体或者群体越来越落后于时代，使各个封闭群体之间的矛盾越来越深、难以消解。有些人为了满足自己的虚荣心，会故意挑起各个群体间的争端，使其兵戎相见、争斗不休。这是一种恶劣的做法。以此来满足自己虚荣心的人或阶层，通常对自己的道德操守评价极高，自认为十分优秀，会用各种手段证明别人的错误。这些好战分子千方百计地煽动不同民族和阶层之间的矛盾，就是为了抬高自己，获得更高的优越感。就算全世界都因为他们的煽动而燃起战火，百姓流离失所、人间血流成河，他们也不会有任何愧疚之心。由于缺乏安全感，这种人特别喜欢挑起事端，企图以损害他人利益的方式，来展现自己的优越感和孤傲感，进而消除心里的不安。可是他越是这么做，和他人之间的距离就越大，孤独感就越强，最后只能落得众叛亲离的悲惨下场。毫无疑问，这种人在社会上通常都发展得不太好。

焦虑的人容易成为遁世者

有遁世倾向的人，通常都有强烈的焦虑感。焦虑是一种普遍的性格特征，人一旦陷入焦虑往往很难摆脱。他会因此备受折磨，既不能和他人正常来往，也无法心平气和地对待生活，就算想要为社会做些贡献，也多半是有心无力。一切活动中都可能含有恐惧，有人怕的是外部世界，有人怕的是内心世界。

如果焦虑感来自对社会的畏惧，人就会努力从社会中逃开。

如果焦虑感来自对孤独的畏惧，人就会努力摆脱孤独。我们发现很多焦虑的人都有这样的倾向——相比于同伴，他们更多地考虑自己。越是不想在人生中面对阻碍的人，越容易焦虑。他们遇到每一件事的第一反应都是焦虑，即使这件事只是简单的离开家人、离开朋友、找工作、和人恋爱。因为和社会、和别人的联系太少，所以一点点小事都会使他们心慌意乱，唯恐遇到什么危险。焦虑会严重影响他们人格的发展和为公共利益做贡献的能力。焦虑的人未必要紧张得浑身颤抖，立即转身逃走，他们只要尽量消磨时间，找各种借口推卸责任就行了。这种人只顾着忧心忡忡，却没有想过，就算躲过这次，也躲不过下一次，因为只要有一点点变化，焦虑就会重新降临。

我们发现一件很有意思的事，就是有些人特别喜欢回忆过去或思考死亡问题。回忆过去是一种自我压制的方式，这种方式不引人注目，因而深受人们喜爱。害怕死亡或疾病，是寻找借口以逃避一切责任和义务的人的一个特点。他们大肆宣扬一切皆空、生命短暂、祸福难料等消极观点。天堂和来世也能带来相同的慰藉。对那些真正把目标放在来世的人来说，今生只是一场徒劳的挣扎、一个毫无价值的发展阶段。第一种类型（回忆过去）的人在虚荣心和野心的驱使下，会逃避一切考验，因为考验会暴露他们的真实价值。在第二种类型中，我们发现，他们为之奋斗的是一个优越于他人的目标，一个飞黄腾达的野心，这使他们很难适应现实生活。

我们可以在某些孩子身上看到焦虑最初也是最简单的形态：这些孩子只要身边没人就会害怕得浑身发抖。但是，即使有家人陪伴，他们仍然无法获得满足，因为他们的颤抖和恐惧都带着别的目的。如果母亲离开留下他一个人，他就要用极端焦虑的表现，逼迫母亲回到他身边。这意味着他真正想要的不是母亲的陪伴，而是对母亲的控制。这表示父母不仅没让孩子学会独立，还以一种错误的教育方式，让他学会了控制别人为自己服务的卑劣技巧。

大家都很熟悉孩子焦虑时的表现。在晚上或漆黑的环境中，由于看不清身边的人，感受不到和家人的联系，孩子会变得十分焦虑，他又哭又闹，以此来驱逐黑暗所带来的恐惧和沮丧。如果有人听到声音后，立即跑过去，他就会让那个人打开灯，陪他玩，就像我们之前说过的那样。对方若是——照办，他的焦虑就会马上消失。之后，只要他的优越感和安全感受到威胁，焦虑重新降临，他就会利用焦虑来增强自己的控制力。

这种情况也会发生在成年上身上。这种人很好辨认，因为他们言行举止异于常人。比如，那些不敢单独出门的人，他们走路时会警惕地四下张望，满脸惊慌。他们之中有些人不愿意到处走，会站在原地不动；有些人健步如飞，好像后面有追兵似的。我们有时还会遇到这样的女人：明明身体并没有任何病痛，过马路时却一定要让人扶着走；她腿脚很好，身强体健，可是只要遇到一点困难，就焦虑不安、惊慌失措。有些人甚至一出门就会不由自主地惶恐害怕。有个例子很有意思，就是广场恐惧症。这是一种对空旷场所极端畏惧的精神疾病。患这种病的人总觉得有人要伤害他，有东西把他和别人隔绝开了。他们害怕"跌倒"，可在我们看来，这只是因为他们把自己放在高不可攀的位置上。所以，在病理性的恐惧中，其实潜藏着追逐权力和优越感的目标。

毫无疑问，很多人都把焦虑当成一种逼迫别人时刻陪在自己身边的有效手段。别人一离开房间，他们就会再次表现出焦虑的情绪，为此，人们只能寸步不离地陪着他们，听从他们的一切命令。就这样，焦虑者将个人的焦虑变成了别人必须遵守的法律：每个人都要顾及他的想法，他却不用考虑别人的想法，可以随心所欲地差遣别人，因为他是他们的"王"。

想要战胜恐惧，我们必须将自己的命运和整个人类的命运联系到一起。只有那些把自己视为社会一分子的人，才能摆脱焦虑，心平气和地生活下去。

有个案例很有意思，是1918年奥地利革命时期发生的。那段时间，很多病人都宣称自己不会再去医院看病了。医生问他们为什么这么做。他们说，现在的社会环境太乱，走在外面说不定会发生什么事，穿得越好的人，越容易遇到危险。

当时，人们的心情都很沉重，悲观情绪普遍存在，可是这种结论只存在病人之中，这一点尤其需要注意。为什么唯独病人有这种想法？这不难理解。他们的恐惧主要是因为和外界、他人的联系非常少，所以在革命爆发的特殊时期，越发觉得自己处在一个极端危险的环境中。别人却没有这种极端焦虑的情况，仍能像过去一样正常生活，因为他们把自己当成社会的一分子。

焦虑还有一种较为温和的表现形式——胆小。上述关于焦虑的所有内容，都可以用在胆小者身上。有胆小缺陷的孩子，即使处在最简单的社会关系中，也会尽可能不和别人来往，破坏刚刚建立起来的人际关系。越是胆小怯懦的人，越是无法从人际交往中获得乐趣。胆小的性格特征，会使人既自卑又自负，觉得自己和别人不一样。

怯懦的"好处"

在现实生活中，我们遇到很多对自己毫无信心、觉得任何工作都很难，认为自己什么事都做不好的人，这是怯懦者共同的性格特征。这种人做事无精打采，平常拖沓延误，遇到困难或考验时甚至会彻底放弃，根本无法正常、高效地完成手里的工作。那些不好好工作，以五花八门的借口频繁跳槽的人，就属于此类。除了行动缓慢、缺乏热情，怯懦者还有一个性格特点，就是过分谨慎，对自身安危过于紧张。其实，这只是他们逃避责任的一种手段。

个体心理学把怯懦这种普遍存在的性格特征所涉及的问题定义为距离问题，并得出了相应的结论。我们完全可以根据个体心理学的结论去评价一个人，并确定他在人生三大问题上的进展。首先是社会感（个人和他人、个人和社会的关系），看看他是用正确的方法，使自己和他人更亲近，还是用错误的方法，使自己和他人更疏远；其次是职业和事业；最后是爱情和婚姻。只要了解一个人在解决这三个问题时犯了哪些错误、取得了哪些进展，我们就能从整体上评价他的人格。与此同时，我们可以利用这些资料,加深我们对人性的理解。

　　如前所述,怯懦这种性格特征的根本成因,其实是对责任的逃避。怯懦除了这些消极、灰暗的一面,当然也有光明的一面。有些人之所以要做怯懦者,完全就是因为这些光明面。怯懦者认为,如果他在全无准备的情况下做了一件事,即使失败了,大家也会原谅他,因为这本就情有可原,他的人格和虚荣心就不会受到伤害。这样一来,他就有了安全的保障,这就像那些走钢丝的人,因为下边有安全网,所以不用担心摔下去的问题。为了维护自己的自尊,他会找出一大堆借口,证明任务的失败与他无关。他会说,如果他能早一点得到消息,做足准备,他肯定能成功,所以要怪也只能怪事情太复杂、环境太恶劣,总之跟他的性格缺陷无关。反过来,如果他事前毫无准备,还把事办成了,成功就会显得愈发难能可贵。这不难理解,一个勤勤恳恳、努力工作的人取得了成功,大家都会觉得理所应当;可是如果一个人匆促上阵仍然取得了成功,人们就会对他刮目相看,因为他一只手就完成了别人两只手才能做到的事。

　　这就是怯懦给人带来的好处。不过,这种怯懦也暴露了个人的虚荣和野心,说明他很想成为受人景仰的英雄。有这种心态的人,只是想要满足自我膨胀的欲望,使自己看起来很强大。

057

专横的背后——虚荣和怯懦

还有一些人为了逃避人生问题,会故意制造麻烦。如果这样还不能摆脱,就会用迟疑和拖沓的态度,勉强开始行动。这种迂回的心态,很容易产生诸如懒散、频繁跳槽、消极怠工等恶习。有些人甚至会把这种心态带到自己的行为举止中,比如有些人走路的姿势像蛇一样又软又滑。这种走路方式绝非偶然。在我们看来,这种人至少是想通过迂回的方式来逃避现实生活。

有一个真实的案例,恰好可以说明这种情况。有个男人觉得生活枯燥乏味、百无聊赖,他只想结束自己的生命,这种念头一直在他脑海中萦绕不去。在做心理咨询时,我们了解到他是家中长子,下面还有两个弟弟。他的父亲是个很有野心、也很有能力的人,在事业上取得了不小的成就。作为家中长子和家族产业的继承人,他是在家人的宠爱和期待中长大的。他的母亲很早就去世了,父亲非常看重他,所以继母对他也很好。

作为长子,他对权力和力量盲目崇拜。他的言行举止都带着上位者的蛮横。在学校,他一直名列前茅,毕业后接手了父亲的产业。他像善待朋友一样善待身边的每一个人,彬彬有礼,宽和大度。他对下属也很好,支付高额薪水,满足他们的合理请求。

可是1918年革命爆发之后,他忽然变了,说工人不按规矩办事,给他惹麻烦。从前,工人想要什么,会向他提出请求,现在却变成了要求。他觉得无法忍受，只想扔下一切，摆脱这些人。

我们可以从他的行为中看到那种迂回心理。在平时，他是一个宽仁厚道的管理者，可是当他的权威受到威胁时，他的教养和公道就消失了。他的这种人生哲学，影响的可不只是工厂的管理，还有他的个人生活。以前他对家人十分和善，可是现在，他太想证明自己是一家之主了。因为他唯一的目标就是用自己的权力来支配他人。这种蛮横霸道的行为，无疑会使他在社会关系和商业活动中吃尽苦头。由于权威受损，工作无法带给他任何乐趣，他想要放弃自己的事业，这是对不受其控制的工人的一种攻击，也是一种抱怨。

现在只有虚荣才能让他苦苦支撑，可是动荡的社会，无疑又给了他致命的一击。由于人格发展不平衡，他很难与时俱进地调整自己，为自己制定一套新的行为准则。权力和优越感是他唯一的人生目标，在这种情况下，他很难有进一步的发展。在失去对现实生活的掌控之后，为了达到人生目标，他把虚荣作为自己最重要的性格特征。

经过调查询问，我们发现他的人际关系也处理得很糟糕。正如我们所料，留在他身边的，全是那些认可他的优越感、愿意听命于他的人。可是他说话太尖刻，人又很聪明，总能一语中的，狠狠戳到别人的痛处。他的冷嘲热讽终于把他身边为数不多的朋友都赶走了。于是，他一个朋友也没有了。为了弥补自己在人际关系上的不足，他开始参加各种娱乐活动。

他的性格缺陷，在爱情和婚姻中更是暴露无遗。因为爱情需要最深入、最亲密的结合，容不下一丝半点的骄横和傲慢，所以我们并不看好他的爱情之路。一个专横的、疯狂追求优越感的人，绝不会选择性格柔顺的人作为伴侣，他会选择一个可以让他不断征服的人，每一次征服都代表了一次新的胜利，所以他喜欢的是和他一样性格强悍的人。就这样，两个同类型的人走到了一起，婚后的生活就像一场永无止境的战争。正如我们所料，这个男人最后娶了一位在很多方面比他还专横的人做妻子。夫妻俩都很固执，为了得到支配地位智计百出、寸步不让。再热烈的感情，在日久天长的争吵中，也要消磨殆尽。他们之间不再有爱，可是因为不想输，谁都不肯先提离婚。

和妻子吵得最凶的时候，这个男人做了一个梦，很能表明他当时的心情。在梦里，他告诉一个女仆模样的年轻女孩："你要知道，我是一个有贵族血统的人。"他觉得这个女孩跟他的秘书很像。

这个梦其实不难理解。首先，他自视甚高，对别人不屑一顾。别人，尤其是女人，在他眼里都是没有教养、地位低下的佣人。考虑到他当时正和妻子闹得不可开交，所以他梦里的这名女佣代表的应该是妻子。

所有人都不了解我们的这位病人，包括他自己。为了满足自己的虚荣心，他每天旁若无人地忙忙碌碌，恨不得把脑袋抬到天上去。他不肯真正融入社会，自命不凡，却想让人承认他有所谓的贵族血统，尽管他自己都无法证明这一点。除了他自己,他谁都看不起,尖酸刻薄地讽刺、贬低别人。这种人怎么可能有爱人、有朋友?

持有这种迂回心理的人,会寻找冠冕堂皇的理由,为自己的行为辩护。这些理由就其本身而言,都很合理,也不难理解,且有普遍的适用性,只有一个问题,那就是不符合当前的情况。比如,我们的这位病人声称要为社会文明做一些贡献,于是加入了一个俱乐部。但他其实只想在俱乐部里交一些朋友。他在俱乐部里跟人喝酒、打牌,一点正事都没干。每天晚上,他都在俱乐部里待到很晚才回家,第二天又困又累,根本不想起床。后来,有人对他说,如果他真的想为社会文明效力,就不要去那种地方。如果他在参加这些娱乐活动时,也能努力工作,那他说的想为社会文明效力的理由也算落到了实处。可是,一个信誓旦旦要为社会文明做贡献的人,怎么会在行动上如此拖沓、敷衍?所以,再冠冕堂皇的理由,也改变不了他行为错误这一事实。

这个病例足以证明,使我们偏离了直线发展方向的,不是客观的经历本身,而是我们对这一经历的态度和评价,以及评价的方式。在这件事上,每个人都有可能犯错。这个病例和类似的病例都表明,同样的错误,很可能会反复出现。我们必须认真分析个体的所有相关资料,联系病人的整个行为模式,全面深入地了解错误,才能制定出有针对性的、合理的矫正错误的方法。

这个过程其实和教育很像,毕竟教育也是一种消除错误的方式。首先我们必须弄清楚，个人是怎样错误地评价自己的经历的，这种评价又怎样使他走向了错误的发展方向，最终走向了悲惨的结局。只有把这一整个过程都了解清楚，我们才能真正修正个人在发展过程中犯下的错误。我们应该钦佩古人的智慧，他们发现了，或者说感知到了这一事实，所以创造了复仇女神涅墨西斯。错误的发展，必将走向悲惨的结局。同样，不顾公众利益，盲目崇拜个人权力的人，也不会有好下场。对个人权力的极端崇拜，很容易让人采取迂回的方式接近目标，不顾同伴的利益。正因为这样，他对失败充满恐惧，几乎没有一刻能够安心。这时，他很容易患上神经症。而这些病症的出现，其实是为了使他无法顺利完成工作。这些病症告诉他，再往前走，他就会大难临头。所以，他迈出的每一步都是那样迟疑不决、谨小慎微。

逃避社会的人，通常很难在社会上立足。所谓社会，就是人和人的交际场。在这里，你必须有一定的适应性，能屈能伸、乐于助人，不要妄想让每个人都臣服于你，任你摆布。这是一项普遍适用的行为准则，其正确性已经得到了我们自己和许许多多其他人的证实。

在人际交往中，我们有时会遇到一些人，他们明明看起来礼貌温和，从不伤害别人，却很难让人产生亲近感。为什么？因为他们对权力的极度渴望会给别人很大压力，让人不由自主地想要和他们保持距离。对于这种人，我们不妨想象一下这样的画面：他一言不发地坐在桌边，脸上没有一丝喜悦的神色。

他更喜欢一对一的对话，而不是在公开场合讨论问题。他会在无关紧要的事情上表现出自己的真实性格。比如，他会想方设法证明自己是对的，即使别人并不关心他是对是错。只要证明了自己是对的，而别人是错的，他会立即把这场争论抛诸脑后。迂回心理还会让人有这样一些表现：莫名其妙的疲惫和烦躁，难以入睡，看谁都不顺眼，每天都很忙却不知道自己在忙什么，诸如此类。他们总是牢骚满腹，不停地抱怨，却又说不清为什么，神经兮兮的，简直像个精神病患者。

事实上，他的这些表现全都是诡计，为的是转移注意力，使自己对真相视而不见。他选择这些武器并非偶然。想象一下，怕黑的人是多么痛恨夜晚这种自然现象。毫无疑问，这种人从未跟人生和解，他厌恶这个世界，对自然规律深恶痛绝。唯有消除黑夜，才能使他得到满足，过上平静的生活。显然，这是一个不可能实现的人生目标。而这个目标，也暴露了他的恶意：他是一个对人生说"不"的人。

这些神经质的表现，都起源于这样一个时刻：这个神经质的人不敢面对自己必须解决的问题，也就是日常生活中必要的责任和义务。当这些问题出现在遥远的地平线上，他就开始寻找借口，以便延缓解决问题的步伐，或者提前为失败开脱，或者完全避开问题。这样一来，他逃避了那些维持人类社会所必不可少的义务，同时也损害了他周围的环境，往大了说，也损害了其他人。

只有全面、透彻地理解人性，知道这些悲惨结果的可怕诱因是什么，我们才有可能让人不犯这些错误，甚至拨乱反正。我们很难找出恶行和恶果之间的直接联系，并从中得出一些有建设性的结论，因为我们无法突破时间的阻隔，消除可能出现的复杂情况。但这不表示我们只能靠因果循环、善恶终有报等规律来抵御以上错误的发生。我们认为，想要将个体从错误中解救出来，首先必须找到错误的起点，而想要达到这一点，就要弄清个人行为模式的前因后果和他人生中的每一段经历。

举止粗陋，也许是故意的

不文明或缺少教养的具体表现是什么？大家对此其实是有一些共识的，比如在公共场合挖鼻屎、咬指甲、狼吞虎咽地用餐等，都属于此列。一个在餐桌上满脸放光、像猪一样大吃大嚼、没有一点羞耻心和自控力的人，是真正的缺乏教养。看到这样的人，大家多半会想："他吃饭的声音怎么这么大？""这人是个饭桶吧，他的肚子是无底洞吗？这么多食物眨眼间就全吃下去了！""他真能吃啊，还吃得这么快，像是根本就停不下来。"无时无刻不在进食，一旦停下来就痛苦万分，这样的人，我们在现实生活中应该碰到过一些吧？

还有一种不文明的表现是脏乱。这里所说的脏乱，不是人在拼命工作时的混乱和不拘小节，而是那些无所事事的人，因为不肯收拾整理，把自己和住处搞得脏乱不堪。这种人像是为了把别人从身边赶走，故意把自己弄得邋里邋遢，越恶心越好。脏乱已经成了他们的标志。

这只是缺乏教养者的一部分外部特征。这些特征足以证明，他们根本不想遵从人类社会的游戏规则，只想和人保持距离，大家各行其是。毫无疑问，不文明到如此地步的人，是无法为社会和他人提供协助的。大部分不文明行为发生在人的儿童时期，因为从不犯错的人是不存在的。有些人在成长过程中矫正了这些错误的做法，但有些人在成人之后仍然保持着，这太遗憾了。

不文明和缺乏教养的表现，或多或少跟个人不愿意参与社会生活有些关系。缺乏教养的人，大多数都不愿与人合作，想要尽可能地远离社会。如果有人劝他们改正恶习，他们也会假装没听到。这不难理解，毕竟对那些不愿意遵从社会规则的人来说，咬指甲等行为，也算不上什么非改不可的错事。想要让别人远离自己，还有比这更有效的办法吗？所以他的衣领总是黑漆漆的，所以他的衣服总是沾着油污，皱得像酸菜干一样。只要保持蓬头垢面的形象就能使每个人都离自己远远的，就能使人不再关注他、批评他，他再也不需要和别人竞争，不需要结婚生子。如果这就是他的目的，还有比保持这种形象更有效的办法吗？如果在竞争中落败，他还可以把责任推给不文明的行为，义正词严地说："如果没有这些恶习，我什么事做不成？"然后，又轻声补上一句："可是，这些恶习已经缠住我了，根本改不掉，这太可惜了！"

从下面这个案例中，我们可以看到，恶习成了一种保护自己、压迫他人的手段。有个女孩，22岁还尿床。她是家里排行倒数第二的孩子。因为她体弱多病，母亲对她的关心难免要多一些。她非常依赖母亲，为了使母亲不分昼夜地守在她身边，她白天焦虑不安，晚上惊慌、尿床。起初，这对她来说显然是一种胜利。她的虚荣心得到了满足。她靠这种错误行为留住了母亲，达成了自己的心愿。至于这样有没有剥夺其他孩子本应受到的关照，她根本不在意。

这个女孩还有一个特征就是既不能上学，也不能进入社会。事实上，她一个朋友都没有。每次被迫走出家门，她都会表现得十分焦虑。成人之后，她根本不敢在晚上出门或者走夜路，因为那会使她感到痛苦和焦虑。每次回到家，她都一副精疲力竭、又慌又怕的样子。她不停地告诉别人，路上遇到了多么危险的情况。这些事实表明，她想要一直留在母亲身边。可是家里条件有限，不能这样养着她。母亲给她找了份工作，为了让她上班，几乎是把她赶出家门的。可是，她只干了两天就被人辞退了，因为她的焦虑不安使雇主大为恼火。母亲不知道她为什么会犯病，狠狠地骂了她一顿。最后女孩由于自杀未遂被再次送进医院，母亲也发誓说，会一直守在她身边。

尿床、怕黑、不敢独处、试图自杀，她的这些行为，其实都指向了一个目标。在我们看来，她是在用行动告诉别人："无论何时，母亲都要和我在一起，无微不至地关心我、照顾我！"于是，尿床这种不文明行为就有了深刻的象征意义。我们可以根据一个人的恶习来评价他，但我们若想帮他纠正这种恶习，就要透彻地了解他的生存环境，找出恶习的源头。

孩子为了吸引大人的注意力，会故意做一些不文明的事，或者养成一些恶习。对他们来说，这能让他们成为一个重要人物，激起父母的同情心或责任心，让自己受到更多关照。这样的孩子长大之后，会以这类不文明行为作为逃避社会责任、给他人制造麻烦、破坏社会和谐和公共利益的手段。他们用这些行为来掩饰自己的专断、狂妄、虚荣和野心。不过，由于这些表现复杂多样、变化多端，且经过矫饰，我们很难迅速分辨出这些恶习的起因和真实目的。

第六讲

▽

虚荣，会架空你自己

过度虚荣是一件危险的事。它会使人做很多毫无意义的事，使人在不知缘由的情况下盲目努力。虚荣更危险之处在于，它使人只关心自己，对于他人，他唯一的想法就是"他们是怎么看我的"。长此以往，个人与现实生活的联系会被斩断。他会无法了解人与人之间复杂的关系。他会误解人与生活之间的关系，忘记自己本该履行的职责，忘记自然界和社会对人的基本要求。可以说，虚荣是最能阻碍人自由发展的一种性格特征。

越虚荣，离现实越远

几乎所有人都想得到他人的肯定，但这种愿望如果超过一定的界限，成了一种极为强烈的欲望，人的精神就会长期处于紧张状态，并把追逐权力和优越感设为人生目标。他会以昂扬的斗志，朝这个目标不断奋进，他的人生将会充满对胜利的渴望。这种人非常在意别人对自己的评价，总想给人留下好印象。这种心态影响了他的行为以及行为方式，虚荣成了他最明显的性格特征。

人或多或少总有些虚荣心，但没有人愿意承认自己虚荣，所以他们对虚荣心进行了各种包装和矫饰。也就是说，虚荣其实有很多面具，比如谦虚，谦虚的本质就是虚荣。有些人因为虚荣心太强而不肯接受他人的意见；有些人因为虚荣心太强，把全部精力都放在对得到公众认可的追逐上，并以此来达成个人的某些目的。

过度虚荣是一件危险的事。它会使人做很多毫无意义的事，使人在不知缘由的情况下盲目努力。虚荣更危险之处在于，它使人只关心自己，对于他人，他唯一的想法就是"他们是怎么看我的"。长此以往，个人与现实生活的联系会被斩断。他会无法了解人与人之间复杂的关系。他会误解人与生活之间的关系，忘记自己本该履行的职责，忘记自然界和社会对人的基本要求。可以说，虚荣是最能阻碍人自由发展的一种性格特征。

我们喜欢用一些比较美好的词汇来介绍自己，比如"志向远大"，这可以让我们免于尴尬，毕竟"虚荣""傲慢"这样的字眼，名声都不太好。回忆一下，有多少人曾经骄傲地告诉你他的理想有多远大？还有"活跃""上进"，也都是经过包装矫饰的词语。只要能促进社会的发展，人们便认可这种性格的价值，这不难理解。很多人却用"勤奋""活跃""能干""干劲""积极进取"之类的词语来掩饰自己强烈的虚荣心。

　　虚荣的人大多不喜欢遵守游戏规则，有时甚至会故意给别人制造麻烦。比如，有些人因为自己的虚荣心得不到满足，就想方设法让别人也遭遇失败。那些虚荣心开始发展壮大的孩子，经常会有这样的表现：在危险中展示自己的勇气，在更小的孩子面前展示自己的力量。很多小孩喜欢凌虐小动物，就属于这种情况。虽然年纪还小，但他们已经在某种程度上失去了信心和勇气，所以只能采用各种不可思议的小手段，以彰显自己的优越感，满足自己的虚荣心。他们逃开了人生的主战场，在这个小小的角落里扮演强者和大人物的角色。这样的人长大后，总喜欢抱怨人生的悲苦和命运的无常。他们只是想用这些抱怨告诉别人，他之所以没有功成名就，完全是因为没能接受良好的教育，或者遇到的阻碍太多。这种人虚荣心很强，却又不肯努力生活，只能一边编织美梦，一边寻找借口。

　　一般人很难和贪慕虚荣的人和平共处，因为他们不知道该怎么评判这样的人。贪慕虚荣的人总是把错误推给别人，把自己摘得干干净净。可是在现实生活中，谁对谁错并不重要，重要的是目标有没有达成，有没有给别人提供帮助、带来好处。虚荣的人不是在怨天尤人，就是在给自己找借口，根本没想过付出和奉献。由此可以看到他们潜藏在心底的真正意图——要不惜一切代价，保住优越感，使自己的虚荣心免受损伤。

　　有些人也许会反驳说，一个人如果没有远大的理想和抱负，人类就不会有这么多伟大的成就。这种想法从根本上就是错的。

我们每个人或多或少都有一些虚荣心，完全没有虚荣心的人是不存在的。但是，赐予人力量、让人行动起来造福全人类的，并不是虚荣，而是社会感，这就是我们的观点。社会感才是使人创造伟大成就的原动力。即使是天才的作品，也要有一些社会感，否则便全无价值。一个作品里，如果夹杂了太多虚荣的因素，其价值和作用往往难以保持，甚至很难得到认同。所以，真正天才的作品，往往没有多少虚荣的成分。

可是在社会的大环境下，谁能清清白白，没有半点虚荣之心？这是人类文明的痛点，是很多人一直活在痛苦中的原因。能明白这一点，已经算是难能可贵。贪慕虚荣的人很难和人友好相处，也无法适应现实生活，因为他们把脸面当成了全部的人生意义。这种人除了自己的名声，什么都不关心，所以很容易和人发生争执，这太正常了。我们发现人类社会那些复杂难解的矛盾，也是因为某些人的虚荣心没能得到满足。我们在了解一个人复杂的人格时，有一个很重要的技巧，就是先弄清楚他的虚荣心有多强，具体表现在什么事上，他如何达成虚荣的目标，由此便可以看到虚荣对其社会感的损害程度。

虚荣的人无法体谅他人。虚荣和富有同情心是两种截然相反的性格特征，绝不会同时出现在一个人身上，因为在虚荣的影响下，人是不会臣服于社会规则、同情他人、理解他人感受的。

虚荣心决定了虚荣者的命运。因为社会生活是虚荣心永远无法战胜的强大对手，且一直在对虚荣心的发展进行围追堵截，所以虚荣总是刚刚萌芽，就要掩藏起自己的真实面目，以另一种身份（比如志向远大），向着自己的目标迂回前进。贪慕虚荣的人因为不知道自己能不能达到虚荣的要求和目标而备受折磨。在他瞻前顾后、犹豫不决的时候，时光已经匆匆而过。所以，贪慕虚荣的人总是在垂垂老矣时，找各种理由来抱怨人生和命运，说是它们没有给他施展才华的机会。

虚荣者的人生通常是这样的：先找到一个可以在一定程度上不受规则限制的特权位置，让自己不用参与主流的社会生活，然后，用冷漠的和怀疑的眼神观察别人的生活。对他来说，每个人都是敌人，而他的生活就是一场或攻或守的战争。他常常在各种选择中间左右为难，似乎每种选择都挺合理。这种谨慎的、充满逻辑的思考给了他一种真理在握的错觉。结果，这种思考使他失去了抓住命运的机会，切断了他和生活的联系，使他把维持社会所必须履行的责任和义务抛诸脑后。

难以承受之重

虚荣心发展到一定程度，会变成人一辈子都难以卸下的重担。过度虚荣会阻碍健全人格的形成，把人引上彻底失败的绝路。很多人都坚信野心是一种宝贵的性格特征，而忽视了它虚荣的本质，不知道野心带给他们的是焦虑和失眠。把关注点放在野心的好处和利益上的人，永远都无法明白这一点。

从以下这个例子中，我们可以看到野心（或者说虚荣）的危害。有个 25 岁的年轻男人，在期末考试来临之际，忽然对自己的专业失去了兴趣。他心情很差，无心复习，对自己的价值失去了信心。他一直无法摆脱这种情绪，最后只能放弃考试。他的大部分童年回忆都是父母对他的斥责，他说父母的误解阻碍了他的成长。他觉得每个人都没有价值（包括他自己），也和他没什么关系，如此一来，他便找到了脱离社会的借口。

　　在虚荣心的驱使下，他找出各种借口来逃避那些能够验证其能力的考试。期末考试马上就要开始了，可他忽然开始怀疑自己的能力，没有比这更糟糕的事了。一想到考试，他就心慌意乱，最后终于没能参加考试。这对他很重要，因为没有考试，人们就不会知道他的真实能力，他的自我价值感就不会受到威胁。对他来说，这才是头等大事。他像得到了一把保护伞，一切伤害都被屏蔽在外面。他终于安下心来，并且这样安慰自己：如果不是疾病和不公的命运阻碍了我的发展，我一定会功成名就的。我们从这种逃避考试的态度中，看到了虚荣的身影。他不相信自己的能力，害怕失败会有损自己的名誉，所以丧失了面对考验的勇气。由此可知，过度的虚荣会使人在能力面临考验的关键时刻，形成逃避退缩的习惯。

　　一个人越不相信自己，或者说不相信自己的判断力，就越容易以逃避的态度来解决问题。这位病人就是如此。他的陈述表明，他在这方面甚至已经形成了习惯。每次需要他作决定的时候，他都会犹豫不决。只要看看他的行为和态度，就能知道他有多想让时间就此停止，如此一来，他就不用作决定了。

他有四个妹妹,他是家里的长子、独子和唯一的大学生。他肩负着家人所有的期望,是家人的重点保护对象。父母会抓住一切机会鼓励他,让他努力上进,日后出人头地。于是,他把超越所有人当成自己唯一的人生目标,对此念念不忘。可是现在,他不知道自己能不能满足家人的期待,心里十分焦躁。就在这时,虚荣让他找到了一条退路。

由此证明,过度膨胀的虚荣心会阻碍人的发展。虽然社会感从未放弃对虚荣心的围剿,但我们可以看到,虚荣常常能使孩子从社会感中脱离出来,在一定程度上拉开和他人的距离。贪慕虚荣的人大多是这样生活的:在自己想象出来的陌生城市里,寻找一座想象出来的建筑物。如果找不到,他们就指责现实,可是现实究竟错在哪儿呢?这是自私的人和贪慕虚荣的人的宿命。在与人交往的过程中,他总想用权力、阴谋诡计和背信弃义等方法,来维护个人原则、实现人生目标。他密切注意着身边的情况,想要抓住一切机会证明别人是错的。对他来说,最开心的事情就是证明(至少也是向自己证明)自己比别人更加优秀、更加聪明。如果有人反对他,并赢得了挑战,贪慕虚荣的人也不会承认失败,他会找各种借口,自欺欺人地证明自己的优秀,以保证自身的优越感不受损害。

这种小把戏根本不值一提,可是任何人都能用这样的方式在想象中得到自己想要的一切,我们的这位病人就是这样发展的。一个本该努力读书以获取知识、用考试来验证自己所学的人,因为看问题的方式出现了偏差,开始严重怀疑自己的能力。

他把考试的分量看得太重，以为自己的幸福和成就全都由此决定。在这种情况下，他如何能不紧张，甚至崩溃？

一切日常交往在他看来都至关重要。每一次谈话，甚至每一句话，都要分出高下。这是一场无休无止的战争，贪慕虚荣、野心勃勃，以及所有把幻想当作人生主旋律的人，早晚会陷入新的困局，与真正的幸福失之交臂。只有达到特定的条件，他才能得到幸福，而这种条件一旦消失，通往幸福和快乐的大门就会在他面前彻底关闭。他感受不到常人可以感受到的幸福。这时，他只能编织一些自己比别人更优秀的美梦聊以自慰，但其实他自己也清楚，事实并非如此。

如果他真的十分优秀，也会有不计其数的人拥到他身边，向他发起挑战。因为追求优越感是人的天性，没人愿意低人一等。不过，这个可怜的年轻人现在只能生活在幻想中了。一个陷入幻想的人，是很难和人正常沟通并取得成功的。没有人可以在这种追逐中，取得最终的胜利。每个竞争者都要承受巨大的心理压力，因为来自他人的打压无处不在，他必须时时刻刻装出一副高高在上的样子。

"征服一切"的欲望

更深入观察可以使我们看到虚荣的真正主宰者——征服一切的欲望。这种欲望有成千上万的表现形式。我们在虚荣者的言行举止、穿衣打扮、说话方式和社交方式中,都可以看到虚荣的影子。换言之,虚荣已经烙进了这个人的灵魂。他的每句话,甚至每个动作,都带着虚荣和野心的痕迹。在追求优越感的道路上,这些人不择手段。强烈的虚荣心,若是完全暴露出来,只会引起别人的注意和厌恶,所以聪明的虚荣者——他们知道自己和他们不想认同的社会之间的距离——会千方百计对虚荣进行伪装。有些人为了掩饰自己的虚荣心,会装出一副谦虚恭谨的样子;有些人甚至干脆在外表上做文章,为了表明自己不慕虚荣,故意穿得又旧又破。有这么一个故事,说是苏格拉底看到一个年轻人穿着破破烂烂的衣服上台演讲,就对他说:"年轻的雅典人,你的虚荣心正顺着衣服上的破洞向外张望呢!"

有些人坚信自己并不虚荣,其实他们看到的只是表象,因为虚荣的根源在内心深处。贪慕虚荣的人,总想成为社交圈子的核心,让大家都听命于他。对他来说,一个社交圈子好不好,唯一的评价标准就是他在其中所处的地位。这些都是虚荣的表现。还有一些贪慕虚荣的人选择远离社会,杜绝一切社交活动。为了躲避社交,他们会拒绝他人的邀请、故意迟到,只在主人一再邀请时,才屈尊造访。这些行为的根源,便是虚荣。还有一些贪慕虚荣的人只在特定的情况下参加社交,并对自己的"与众不同"备感骄傲。其实只要仔细想想就能发现,这种特立独行反倒暴露了他们想要掩藏的强烈虚荣心。还有一些人恰好相反,会积极参加一切社交活动。

千万不要觉得上述表现只是微不足道的细节,要知道,越

第六讲
虚荣，会架空你自己

是这种小细节，往往越能揭露人最隐秘的内心活动。有上述特征的人，大多有社会感严重不足的问题，一不小心就会变成社会的敌人。可惜我没有文学巨匠的功底，无法形象生动地刻画五花八门的虚荣心，只能竭尽所能地勾勒出一个大致的框架。

贪慕虚荣的人给自己树立了一个永远无法企及的目标——战胜世界上的所有人。如果你总是觉得什么都做不好，那就要审视一下自己的目标了。因为无力感和欠缺感，是确定这种目标的唯一依据。我们或许可以由此猜测，虚荣心越强的人，越容易怀疑自己的价值。有些人其实知道自己的虚荣源于无力感，可是光知道没有任何意义，他必须将这一认知转变成行动。

因为虚荣夹杂着稚气的成分，所以虚荣的人也显得不太成熟。虚荣在很早的时候就已经显现出来，其发展途径多种多样。比如那种微妙的、在大人眼里微不足道的被忽视的感觉，孩子产生这种感觉之后，如果没有得到很好的引导，就会因为压力过大，变得十分贪慕虚荣。除此之外，家庭环境也是一个重要因素。比如，有些孩子是因为家庭传统才变得目空一切，因为他们的父母就是这样的人。为了让自己显得"不同凡俗"，他们把自己包装成"贵族"，并以此为傲。不过只要仔细想想，就能发现这种姿态背后潜藏着这样的想法：我和别人不一样，我出生在一个更加优秀的家庭，血统高贵，德行出众，命中注定要成为特权阶层。

生活中确实有人把追逐特权当作自己的人生目标，并以此来规范自己的言行举止。可是，追逐特权只会引起别人的敌视

077

和攻击，所以他们中的很多人都怯懦退缩，成了举止古怪的避世者。只要不出门，就不用面对真实的人生、履行自己对他人的义务，还可以继续自欺欺人、大言不惭地说："如果不是有这样或那样的问题，我本该成为一个出类拔萃的人。"他用这种方法继续维持并巩固其傲慢的态度。

　　有些能力很强的大人物，也是这种情况。客观来说，他们的个人才能确实出众。可惜他们把这种能力更多地浪费在自我陶醉上。他们总有借口不和社会进行深入合作。比如没有时间，没有可堪一用的人才，自己学识渊博，做了多少大事，等等，他们给出的理由，有时甚至达到无稽荒诞的地步，比如，等男人成了真正的男人、女人不像现在这样时，我就能一切顺心、万事如意了。这些条件听着十分美妙，却难以达成。所以我们不得不说，这种行为其实只是懒人打着思考的旗号，肆意浪费时间的借口，作用跟安眠药或麻醉药差不多。

虚荣的极致：成神

　　从教育的角度来看，最难的就是和那些好斗的孩子打交道。即使老师知道自己的职责所在，这职责合乎生活的逻辑，他也不能把这种逻辑强加给孩子。唯一可行的办法似乎是尽可能回避冲突，并且不把孩子看成教育的对象，而是教育的主体，就像他是一个和老师站在同一立场的成年人。这样的话，孩子就

第六讲
虚荣，会架空你自己

不会那么容易犯这样的错误：他认为自己受到压制，或者被忽视了，因而必须跟老师较劲。这种对抗的姿态使我们充满野心，随着野心的不断膨胀，我们的人际关系会变得日益恶化、人格发展会停滞不前，甚至整个人会彻底崩溃。

我们可以从童话中学到不少人性的知识，虚荣的危害便是其中之一。安徒生在童话故事《渔夫和金鱼》中，生动地描述了极度膨胀的虚荣是如何将人引向自我毁灭的。有个渔夫抓住了一条金鱼，金鱼对他说："你若放了我，我可以实现你的一个愿望。"渔夫说要一只新的木盆，金鱼实现了他的愿望。可是渔夫的妻子却觉得这个心愿太小，又提出要一栋木屋。金鱼再次实现了他们的愿望。过了一段时间，渔夫的妻子又不满足，陆续提出了要当贵族、当女王的愿望，金鱼都帮她一一实现了。可她还不满足，最后居然提出想要成神。金鱼被激怒，收回了所有的愿望，他们又变回穷困的渔夫渔妇。

虚荣和野心只会不断膨胀，永远没有被满足的那一天。有趣的是，无论在现实生活中，还是在童话故事里，贪慕虚荣的人发展到最后，都是想要成神。有些贪慕虚荣的人虚荣心膨胀到极致，一言一行都仿佛自己真是神或神的代言人，还有一些人会提出一些只有神才能帮他实现的愿望。这些想要成神的表现，究其根源，正是极度膨胀的虚荣。虚荣使人看不到真实的自己，只想表现。这种极致的倾向控制了虚荣者的所有行为。

这种极致倾向的证据，在我们的生活中随处可见。比如，很多人都喜欢研究招魂术、通灵术、传心术等，想要获得超自

079

然的力量，打破时空的限制，与鬼神沟通。

只要认真研究，我们会发现很多人都想在神身边谋得一席之地，还有一些学校以追求神性为教育目标。过去所有宗教教育的理想，都是让信徒追求神性，这种教育的后果非常可怕。今天我们应该寻找一种更加理性的理想。可是对神性的追求已经深入人心，想要根除，难度极大。这种情况除了心理方面的原因，还有一个客观因素，就是很多人关于人的概念最早是从《圣经》中获得的。《圣经》中说，神按着自己的形象造人。

不难想象，这种思想对孩子心灵的影响有多大，会有多么危险的后果。毋庸置疑，《圣经》是一本伟大的著作，很应该反复阅读。随着人阅历、能力、学识的不断加深，每次阅读都有新的领悟。它的语言如此精练，内容如此富有智慧，怎能不让人击节赞叹？可是，我们最好不要用这本书来教育孩子，就算要用，也务必解释清楚，以免孩子误解"既然是神按照自己的形象创造了我，那我是不是也该拥有神一样的权力呢？"进而产生想要控制所有人的欲望。只有解释清楚，孩子才能在现实生活中平静地生活。

传说中的乌托邦是一个所有梦想都能实现的地方，这种理想其实跟成神的渴望极为接近。即使是孩子，也很少相信传说会变成现实。但是，我们若能注意到孩子对魔术的痴迷，就会明白这种拥有魔力的幻想对人的吸引力有多大。有些人甚至直到年老体衰的时候，仍然期望自己能拥有法术控制他人。

"女人有魔力，有控制男人的魔力"，从某种意义上说，很多人心里其实都有这种迷信思想。很多男人都用行动告诉大家，他们已经被自己伴侣的魔力完全收服了。我们不妨回到那个比现在更加迷信女性魔力的时代：当时，人们随便找个理由就能将女人污蔑为可怕的女巫或占卜师。这种偏见曾经像噩梦一样席卷整个欧洲，甚至改变了欧洲几十年的历史。只要想想，曾有一百万名女性因这种迷信思想而丧命，你就不会觉得这只是一个小错误了。我们应该像研究宗教裁判所、世界大战一样，深入研究这种迷信思想所引发的可怕后果。

有些人把虔诚的信仰当成一种满足虚荣心的手段，这也是想要成神的一种表现。比如，一个精神上遭受过挫折的人可能避开人群、遁世隐居，只与神交谈。他坚信自己虔诚的祷告和对仪式的严格遵守，都被神看在眼里，神有责任来到他身边，亲自保障他的幸福。在我们看来，这样的宗教骗局根本不是真正的宗教，而是一种纯粹的心理病态，两者的差别何止万里。

有个男人告诉我们，他睡前一定要祷告，否则世界上的某个人就会遭遇不幸。这明显是在吹牛（虽然他对自己祈祷的作用深信不疑）。为了弄清他为什么会有这种想法，我们需要把他的话反过来想一想，就是"只要我做了祷告，就会救下一条生命"。这说明，强烈的宗教热情很容易使人迷失自己，产生一种自己有能力拯救世人脱离悲剧命运的错觉。狂热的宗教分子经常做这种拯救世界的白日梦，这些白日梦充满着空洞的姿势和英勇的行为，这些行为当然不能改变事物的本质，却能轻易阻断做梦者和现实生活的联系，让他永远活在梦里。

现实生活中，有一种东西似乎有魔力，那就是金钱。很多人都相信，有钱就可以为所欲为。他们所有的野心和虚荣都表现在对钱财永无止境的追逐上。在我们看来，这近乎一种病态。他们靠着财富的堆积，得到了一种强大的假象。有些家财万贯的富翁，为了赚取更多的金钱，简直称得上殚精竭虑。他们中的一位，最终患上了妄想症，他告诉我们："是啊，没人能抵抗金钱的魔力，我被它迷住了，一刻也停不下来。"这个人知道金钱的可怕之处，可是很多人还不知道，甚至不敢知道。权力和金钱之间有着难以斩断的紧密联系，在我们的文明中，为金钱和权力奋斗不止，是如此自然，以至于没有人注意到这样一个事实：很多一心只想着钱的人都是被他们的虚荣心所驱使的。

歧途上的拯救者——"奉献"

下面这个案例，不仅包含了之前谈论的情况，还能让我们看到虚荣心是如何一步步把人引向犯罪的。这个案例的主角是一对姐弟。姐姐精明能干，就像一颗闪耀的明珠。与之相比，弟弟就逊色多了。弟弟心里暗自较劲，可他无论如何也比不过姐姐，最后彻底放弃了自己。他找个阴暗的角落藏了起来，即使大家为他的将来铺平了道路，他也不肯去走。他的精神负担非常大，觉得自己没有天分。童年的经历告诉他，姐姐可以轻而易举地解决所有困难，而他只能做那些鸡毛蒜皮的小事。因

第六讲
虚荣，会架空你自己

为姐姐优秀，他认为大家觉得他没有才能。可事实并非如此。

他的学习生活一直伴随着这种巨大的精神压力。对这个一向悲观的孩子来说，最重要的事情就是不惜一切代价掩藏自己的平庸和无能。长大一些后，他希望别人能像对待大人那样对待他，而不是把他当成一个笨小孩。14岁之后，他开始频频出入大人的社交圈，深深的自卑感如芒在背，迫使他考虑如何才能表现得像个大人。

于是，他成了烟花柳巷的常客，可是在这种地方出入，没有足够的金钱傍身是不行的。他不愿意向父亲要钱，因为那不是大人该做的事。最后，因为实在缺钱，他开始偷盗父亲的存款。他不为偷盗行为感到羞耻，只当自己是父亲的出纳。事情一直很顺利，直到有一天，他因为考试不及格而被告知需要留级，这对他是一个重大打击。他最不想让人知道的就是他的无能，而留级就是他无能的证据。

他忽然觉得懊悔，痛苦不堪，良心受到了谴责，这又进一步影响了他的成绩。可是，这次他的压力反倒没那么大了，因为他为自己找了一个成绩变差的借口：谁能在最为深重的后悔和懊恼中取得好成绩呢？这段时间，他心里很乱，思绪翻飞，根本无法集中精力学习。白天，他因为悔恨和胡思乱想而耗尽精力，到了晚上疲惫不堪，还以为自己是学习累的，其实根本没把心思用在学习上。

家人逼他每天早早起来学习，可他恍恍惚惚、疲惫不已。看他如此疲倦，谁还能让他和姐姐竞争呢？现在不能怪他无能，只能怪他的悔恨，怪良心的阵痛，使他无法安心学习。最后，他用这个办法把自己全副武装起来，确保自己不会受到任何伤害。如果考不好，悔恨和懊恼就是现成的理由，没人会说他无能。如果考好了，他的能力就得到了证明。

所以，这一切的起因其实是他的虚荣心。通过这个案例，我们可以看到，他宁可违法犯罪，也要隐藏自己的无能——这是别人给他贴的一个标签，并不是真的无能。野心和虚荣心给人生制造了这么多的难题和岔路，使我们失去了直率的天性和纯真的快乐，失去人生中所有真实的喜乐和幸福。细细审视，我们会发现，这纯粹是一个愚蠢的错误！

早在远古时期，虚荣这种缺陷就已经深深烙进了我们血脉中，没有人能消除它。我们能做的，只能是制定良好的行为准则，尽可能减小它对个人发展的损害。事实上，能不被这种可怕的恶习遮住双眼、迷住心性，就已经是很大的进步了。我们一再强调虚荣心的危害，不是想要标新立异、吸引眼球，而是因为，主动和他人建立合作联系是自然法则对人类的基本要求。遗憾的是，在现代社会，每天都有人因为虚荣而走向失败，被社会唾弃批判。不仅如此，虚荣心还会让人因为一些愚蠢透顶的原因而产生难以调和的巨大矛盾。所以，在现代社会，我们必须想办法把自己的注意力从满足虚荣心转移到合作共赢上来。

这是一个对虚荣心最为抗拒的时代。处在这样的大环境里，我们即使无法消除自己的虚荣心，也要找到展现虚荣心的较好方式，比如，使虚荣心朝着有利于公共利益的方向发展。

只有竭尽所能地调整自己和他人、和社会的关系，把索取变成奉献，才能消除虚荣心的不利影响。只有乐于助人，才能有好声誉。有这种声誉的人，绝不会把他人的污蔑和挑衅放在心上。这样的人是真正的强者，驱策他行动的不是虚荣，而是他人的幸福和自我的完善，因而能以平常心来对待他人的称赞和颂扬。

一个人越是自私、想要自抬身价，虚荣心膨胀得就越厉害。贪慕虚荣的人想的永远都是"我还能得到什么"，而有强烈社会感的人想的却是"我能为别人做什么"。这两种人无论在性格上，还是在价值观上，都有着明显的区别。

《圣经》中说："施比受更有福。"这句话是真理，千百年来，已经得到了无数人的验证。如果我们能仔细品味一下这句话的真正含义和它所隐藏的人生哲学，就会知道，这里强调的其实是给予的态度。这种态度，会让我们的精神获得快乐和安宁，就好像给予者的心灵得到了上帝的祝福一般。

贬损他人，并不会使自己更高

贪慕虚荣的人对外界怀有很大的敌意，从不把他人的痛苦和悲伤放在心上。拉罗什富科[1]洞察人性，他对这些人的评价可

---

1. 拉罗什富科（1613-1680）：法国公爵，又称马西亚克亲王，17世纪法国古典作家。他所著的《道德箴言录》变化多端，有些宣扬无为，有些宣扬权力意志。哈代、尼采、司汤达、圣伯夫、纪德都曾受其影响。——编译者注

谓一针见血："他们完全领会不到他人的痛苦，听而不闻，视而不见。"这些人喜欢用刻薄辛辣的批判态度，来表现自己对社会的仇视。他们心里充满仇恨，无时无刻不在指责、控诉、批评和讥讽这个世界，没有任何事物能使他们满意。将那些不好的事物找出来予以批判，这是我们每个人应尽的义务，但是单单这样还不够，我们必须扪心自问："在驱除糟粕的过程中，我有没有吸收精华，有没有提出一些有建设性的意见？"

贬低他人以抬高自己，这是贪慕虚荣的人常用的小把戏。他们总是用恶毒的言辞来损毁他人的人格。因为技艺纯熟，他们很容易就能得逞。在这些人中，当然有一些精明强干、头脑灵活的人。可是任何事物都有两面性，聪明也不例外。一个典型的情况就是，有些人把自己的聪明才智全用在讽刺和污蔑别人上面，以此来危害社会。

我们说热衷于诽谤、讽刺他人的人，在性格上普遍具有否定情结。从这种情结中可以看出，贪慕虚荣的人以他人的价值为攻击目标。否定他人的反面，就是肯定自己。贪慕虚荣的人需要通过贬损他人来获得优越感。否定情结的根源，便在于此。这样的人发展到最后，甚至会通过贬低伴侣的人格和价值，将对方变成自己的奴隶。他最喜欢的游戏，就是给伴侣制定行为规则，用特定的恋爱规范来约束伴侣，在对方身边竖起一道与外界隔绝的高墙，让对方按照自己的心意行动甚至思考。他们之所以如此热衷于贬低和指责自己的伴侣，是为了夺走对方的独立意志，彻彻底底地驯服对方。陀思妥耶夫斯基在小说《涅陀契卡·涅兹凡诺娃》中，形象地刻画了这种行为：一个男人用我们刚刚谈到的那些手法，成功地把妻子变成了他精神上的奴隶。由此可知，虚荣其实是追逐权力的一种特殊方式。

贪慕虚荣的人将大众对他人价值的肯定，视为对其自身价值的否定和羞辱。从这一特性中，我们可以得出很多有价值的信息，最清晰的一点就是，在虚荣者的人格中有着极为强烈和难以磨灭的软弱感和无力感。

虚荣者的"友善"，是控制欲的刀

那些只知索取、贪得无厌的人永远都不会得到满足，因为他们心里想的永远都是："我还能再得到什么，还能再抓住什么。"他们不关心也不在乎别人的痛苦，甚至以别人的痛苦为乐。他们希望别人对他们言听计从，希望别人没有任何要求，心甘情愿地趴在卑下的位置上，永远不要妄想和他们平起平坐。他们得陇望蜀，从不满足现状。总之，他们的贪得无厌和不懂节制，和其他特征一样让人厌恶。

还有一种表达虚荣的方式，看起来有些幼稚：穿着样式古怪、色彩鲜艳的衣服，把自己打扮得像只花孔雀一样，以吸引他人的注意。就像那些高傲的部落首领，为了彰显自己的血统和地位，会在头上插羽毛。有些人最大的满足就是紧跟时尚潮流，穿上漂亮华贵的衣服。对他们来说，华美的衣服、绚烂夺目的饰品，就像勇士的武器和盾牌一样，可以威吓对手。在虚荣心的驱使下，有些人会在身上纹一些古怪的标志。他们这么做，只是想要标新立异，以引人注目。毫无疑问，这很肤浅。为了让人印象深刻，有些人甚至连脸都可以不要，以厚颜无耻的行为，比如哗众取宠，来换取优越感。同样是为了获得优越感，有些人选择了别的方式——冷酷无情、残忍暴力和自我隔离。这些人的冷酷无情可能是装出来的，本质是个懦弱的胆小鬼。特别是男孩子，在麻木不仁、缺乏同情心的表象下，是对社会感的抵制和抗拒。由于虚荣，这种人养成了这样一种恶习——别人越痛苦，他就越快乐。不要妄想这种人会对你的悲惨遭遇报以同情，你的求助只会激怒他们，让他们变得越发粗暴，因为这对他们来说是一种羞辱。比如，有些父母为了和孩子拉近关系，会向孩子吐露自己的痛苦，可是孩子却由此感觉自己比父母更强，心中窃喜。

　　前文说过，虚荣通常会以另一种面目出现在人前，事实正是如此。虚荣的人为了满足自己的控制欲，先将他人吸引到自己身边，再采取手段加以控制。因此，千万不要被虚荣者表现出来的温情和友善所迷惑，以为他们看重的不只是自身的优越感。要知道，他们骨子里的战斗欲和征服欲是难以磨灭和消减的，对他们来说，友好只是俘虏他人的一种手段。他们首先要做的，就是让别人对他们产生好感，从而放松警惕。在第一阶段，即"友善者"靠近的时候，我们很容易相信这是一个社会感很强的人。但在第二阶段，他就会露出让我们失望不已的真面目。有些人看到他前后反差巨大，还以为他有双重人格，其实他从来都是一个起初温柔可亲,最后强横霸道的人。

这种交际方式发展到最后,就变成了一种俘获心灵的游戏。为了大获全胜,玩游戏的人一定会投入全部心力。他能言善辩,张口闭口都是仁心仁德。在行动上,也是一副对亲人朋友关怀备至的样子。可是他们的言行太过夸张、做作,所以真正理解人性的人,必定会对他们心存戒备。意大利的一位犯罪心理学家说过:"当一个人表现得太过热情友好,当他的仁爱和善行太过招摇刺眼,我们就有理由怀疑他的用心了。"在我们看来,这句话即使不是完全正确,也是相当有力的。我们必须小心那些善于逢迎的人。最好也能让那些野心勃勃的人放弃这种做法,选择一些更加温和的方式。

虚荣和"疾病情结"

下面这个例子可以很好地展示虚荣和"疾病情结"之间的关系。

有个年轻女孩,因为是家里最小的孩子,从小备受父母宠爱。母亲像仆人一样每天守在她身边照顾她,满足她的一切愿望。母亲的无微不至把这个柔弱的女孩宠坏了,她的欲望急剧膨胀。有一天,女孩发现,母亲只要一生病,就像是换了一个人,像手握大权的女王一样,每个人都俯首听命。她由此得到启发,把生病当成无往不利的法宝。

普通人觉得生病是一件痛苦的事情,可她很快就摆脱了这种抗拒心理，觉得生病也很好。她在这方面经验丰富，想怎么病就怎么病，想什么时候病就什么时候病，比如她想要什么东西的时候。可惜，她想要的东西太多。日久天长的折腾，竟然真的得了一些慢性病。

这种"疾病情结"在孩子和大人身上都很常见。疾病对他们来说，是一种可以吸引全家人注意的神兵利器，让他们觉得自己成了家庭的核心。因为生病，他们可以趁机提出任何无理要求。身体不好的人很容易以此为手段，赢得更多的关照、更高的地位和无理取闹的权利。亲人对他们身体的关心，让他们尝到了甜头，于是，他们利用这一点来获利。

在这种情况下，为了达到目的，这种人可能会耍一些小把戏。比如，故意吃得很少，使自己的脸色变差，家人就赶紧做一些好吃的饭菜给他们。希望家人永远在身边关怀备至这个想法，就这样变得越来越强烈。这种人是不会独自生活的，因为他们太渴望他人的关怀和照顾。在他们看来，这个心愿不难达成，只要让自己变得体弱多病就行了。

我们把身临其境地想象和感受某种情景的能力，称为共情。共情特征最明显的事物，就是梦。因为人在做梦的时候，总有一种身临其境的感受。"疾病情结"的具体效果，和共情作用有很大关系。发现生病的好处后，有疾病情结的人很容易就能通过想象使身体产生病痛。他们做得非常好，以至于没人看出这是谎言，是在歪曲事实。

我们必须承认，只要我们设身处地地想象某种情景，就会产生一种身临其境的感受。比如，有些人急于表现出恶心或恐惧的样子,居然真的就"恶心"到吐出来了,或者"吓得"昏了过去。所以,通过这种方式制造病症的人,如果一直这么做,很可能真的会生出这些病症。比如之前所说的那个年轻女孩,她说过:"我有时真的非常害怕,好像自己随时都会中风一样。"有些人能够把一些情景想象得极为真实,以致心理失衡、言行古怪,让人根本无法指责说他们是假装的。生病专家会让身边的人都相信他生病了,至少会让人觉得他精神不太正常。于是,人们只能围在他身边,细心地照顾他,为他的身体忧心忡忡。一人生病,全家受累。可是生病专家只想获得控制他人的优越感,并不在乎他的病痛对家人的伤害有多大。

社会生活法则要求每个人都要关爱他人,而疾病情结明显违背了这一原则。就像我们看到的那样,生病专家有个重要特征,就是完全不关心同伴是高兴还是痛苦。这种人只会给别人添麻烦,根本不会也不想去帮助别人。在这些人中,有些人或许凭借渊博的知识和个人的努力,取得了非凡的成就,且在生活中表现得很友善,但这种人的关心和友善只是表面的假象,爱自己和虚荣才是他们行为的原动力。

前面提到的那个年轻女孩就是这种情况。她看起来关心家人,如果母亲晚了半个小时还没把早餐送到床前,她就会表现得非常紧张,一定要让丈夫去看看母亲那边出了什么事。直到确定母亲没事,她才能安下心来。于是,母亲慢慢养成了按时给她送早餐的习惯,她的丈夫也遇到了这种情况。丈夫是个生意人,需要跟客户打交道,很难按时回家。可是,只要丈夫晚回家几分钟,这个女孩就会紧张得浑身发抖、冷汗淋漓,好像马上要崩溃了似的。她还要告诉丈夫，她有多么紧张、多么害怕，可怜的丈夫只好像岳母那样，逼迫自己准时回家了。

有些人也许会反驳说："这个女人也不算赢吧，这对她有什么好处呢？"可是我们必须注意以下两点：首先，我们描述的只是这位女士全部状况中很小的一部分；其次，她的病就像一个时刻提醒别人她有多脆弱、多需要照料的指示牌。换言之，疾病是她一切人际关系的主导者。对她来说，生病就像家常便饭一样简单。她用这个小手段，控制了身边的每一个人。这种控制欲的达成，使她的虚荣心得到极大的满足。只要想想她为了达到这个目的，付出了多大的努力，就能知道她的欲望有多强烈。为这种控制欲作出牺牲，已经成了她生活的一部分。她内心的焦虑无法平息，除非每个人都对她言听计从。

可是，婚姻的内容如此庞杂，可不是只要让丈夫准时回家就能行的。女人发现忧虑的状态如此有效，就把这种方法强制用在所有事情上。她表现得关心别人的幸福，但前提是，每个人都要听她的。所以，我们只能认为，焦虑、疾病都是她控制他人、满足自己虚荣心的手段，她根本就不在乎别人的感受。

这种精神状态恶化得很快，到最后，她们关心的已经不是自己想要的东西，而是自己的意志有没有被遵从了。有个6岁的小女孩，私心膨胀到了极致，唯一的想法就是让自己偶尔闪现的各个怪念头变成现实。她的一举一动都表现出了炫耀个人权威、打败所有同伴的强烈欲望。有一次，母亲做了她爱吃的一道甜点，想要给她一个惊喜。母亲说："看，你最爱吃的，开心吗？"女孩"啪"的一下把盘子打到地上，用脚狠狠地踩踏甜点，怒气冲冲地说："谁让你给我做的？我想要的时候才要。"还有一次，母亲问女孩，午饭是想喝咖啡还是喝牛奶。女孩站在门口，嘀咕了一句："她说咖啡，我就要牛奶。她说牛奶，我就要咖啡。"她的声音虽然很小，却很清楚。

不是每个孩子都能像这个女孩一样，将自己的想法清楚地表达出来。但是这样的性格特征或许每个孩子多少都有一点吧。他们会毫无保留地彰显自己的意志，即使那件东西根本毫无价值，即使这种任性妄为对他们一点好处也没有，甚至会使人遭遇苦痛折磨，他们仍旧如此。这种霸道的性格和大人毫无原则的宠爱有很大关系。

为什么在成人的世界中，也是蛮横霸道的自私者多，乐于助人的慈爱者少？这不难解释，只要仔细观察一下社会的总体环境，你就会发现，它给自私自利的行为提供了良好的发展空间。有时候，虚荣心发展到极致，个体会完全不顾他人的意见。即使那个意见再正确，对他的个人幸福有再大的好处，也一样如此。这种人驳斥别人的意见时，通常态度十分急切，甚至不能听人把话说完。还有些人在虚荣心的驱使下变得极为倔强，明明知道对方说的是对的，嘴上也不会承认。

没有比家更让人放松的地方了，但即使是在家里，在家人面前，我们也未必能随心所欲。人类社会的基本规则，就是要和别人建立关系。很多人在和陌生人刚刚接触时，表现得礼貌温和，但是这种关系往往很难保持，很容易就会疏远、破裂。有些人虽然在社交圈里游刃有余，但其实很厌烦和人保持紧密的联系。还有些人甚至不愿意离开家，只想和家人来往。我们的一位病人就是这种情况。

　　这位年轻的女士长得很漂亮，大家都很喜欢她。但她不愿意出门，每次外出，都想尽快回去。她的身体收到信号后，便时常会出现各种小病痛，帮助她得偿所愿。比如参加宴会，她会无缘无故地头痛，只能中途离席。她之所以这么做，是因为任何一个社交场合都无法像在家里那样，让她成为绝对的权威。对她来说，人生中最重要的事情莫过于满足自己的虚荣心。为了不使自己的虚荣心受到侵犯，她当然想要留在自己能够完全掌控的地方，所以她才总是想方设法尽早回家。

　　随着病情不断加重，她发现自己看到陌生人就焦躁不已，她不敢去戏院，甚至连家门都不敢出。因为只要离开家，她就会彻底失去掌控一切的权威感。她告诉我们，她讨厌在没有"臣子"陪伴的情况下出门。换言之，让那些关心她、爱护她的人形影不离地陪着她，就是她理想中的生活。经过进一步了解，我们发现她从小就是这样长大的。

　　她是家里最小的孩子，体弱多病，父母自然给予她更多的宠爱和照料。她希望自己永远都是那个最受宠爱的小女孩，为此愿意付出毕生的努力，不惜任何代价。可是她的理想和现实生活产生了难以消除的矛盾。每个人都能看出她的焦虑和不安。这种状态表明她在解决虚荣的问题时，用错了方法。她不想面对真实的人生，不愿意遵守社会生活的法则，目标错了，方法当然不会对。这种情况使她备受折磨，最后只能向医生求助。

　　为了将病人的心态彻底矫正过来，我们必须揭开所有的面具和伪装，让她看清自己心底的真正想法。她当然会抗拒，因为她找医生的初衷，并不是要改变自己，而是想要继续统治她的家人，而不必受到焦虑状态的折磨，这种焦虑在大街上如影随形地追逐着她。医生告诉她，她是如何被囚禁在自己无意识行为的牢笼里的，她想要享受这些行为的好处，却避免这些行为的坏处。

这个例子清楚地表明，强烈的虚荣心是如何成为持续一生的重负，抑制一个人的全面发展，最终导致崩溃的。如果一个病人只注意到虚荣心的好处，那么他就无法明白这一点。因此，许多人相信自己的野心——更恰当地说是虚荣——是一个宝贵的品质，但他们不明白，这个品质并不能给他们带来满足，反而使他们日夜不得安宁。

第七讲

▽

性格是怎么形成的

"性格",是个体为了适应外部环境而表现出的一种特殊风格。性格是一种精神态度,是个人在和外部环境发生接触时表现出的特点。性格也是一种行为模式,个人通常以此为依据,来增强社会感、追求优越感。某种意义上讲,性格是一种生活技巧,颇具个人色彩,能让人不管遇到什么困难,都无所顾忌地继续生活。换句话说,性格是为了维持某种特定的生活习惯才形成的,既不是遗传的,也不是天生的。

性格的实质和源头

我们所说的"性格",是个体为了适应外部环境而表现出的一种特殊风格。性格是一种社会概念,只存在于个人和外部环境的相互作用中。所以,考虑鲁滨孙的性格问题,毫无意义。

第七讲
性格是怎么形成的

性格是一种精神态度,是个人在和外部环境发生接触时,表现出的品性和涵养。性格也是一种行为模式,个人通常以此为依据,来增强社会感、追求优越感。

我们可以看到,大多数人都把占据权势地位、超越他人当成自己的人生目标,并在这一目标的引导下,一步一步向前迈进。这个目标决定了个人的世界观和行为模式,让个体以某种特殊的风格进行各种心理活动。性格特征是个体生活方式和行为模式的外在表现,因此,只要知道个体的性格特征,就能大体了解这个人对外部环境、朋友、社会和生存压力持有怎样的态度。性格是整体人格获得他人认可、占据优势地位的重要工具,所以在某种意义上讲,性格也算是一种生活技巧。

很多人都以为性格是遗传来的或者天生的,其实不然。性格和生存模式一样,都是后天养成的,颇具个人色彩,能让人不管遇到什么困难,都无所顾忌地继续生活。换句话说,性格是为了维持某种特定的生活习惯才形成的,既不是遗传的,也不是天生的。比如,孩子不是生来就懒,而是懒惰使他有一种受重视的感觉,且能让他轻松地生活。换言之,孩子把懒惰当成追逐权利的工具。比如,让母亲、爱人帮自己打扫房间,可以让男人获得权威感。

有人喜欢展露自己的缺陷,他们说:"要不是这种缺陷,我会成为一个更有才能的人,取得伟大的成就,可是,人生就是这样无常,我偏偏有这样的缺陷。"很明显,他把这种缺陷当成在失败中保全脸面的利器。

还有一种人因为对权力的无尽渴望，陷入了和所处环境无休止的战争中，为了适应这场战争，他形成了好胜、嫉妒、疑心重等性格。我们认为这些性格和人格一样，既不是天生、遗传的，也不是固定不变的。经过深入研究，我们发现，行为模式是性格特征的基础，有时个人早期的人生目标极大影响了性格特征的发展方向。这是一种次生因素，而非原始因素，形成于个体的某个隐藏目标。所以，想要了解一个人的某种性格特征，首先必须弄清楚这种性格特征是在什么目标的引诱下产生的。

综上所述，个体的生活方式、行为方式、世界观，都和他的人生目标紧密相连。如果我们心里没有任何目标，那么一切思考和行动都无法发生。这个目标从人出生时就已存在，并开始引导心灵的发展。与此同时，它还给了人一种特殊的模式和特质。这种目标存在于每个人的生命中，所以每个人都能成为独特的、有独立思考能力的特殊个体。我们由此可以知道，了解一个人的目标和行为模式，有助于了解他每个行为的隐藏含义。

遗传对心灵现象和性格特征的影响非常小。没有任何与现实有关的证据可以证明，性格特征来自遗传。在追溯个人心理活动的过程中，我们确实会有一种感觉：这些现象似乎都和遗传有关。可是，家人、国民、种族成员间的这种性格上的相似，很容易就能通过以下事实解释清楚：人通过模仿他人的行为和被公众认可的行为，形成性格。在我们的日常生活和精神生活中，确实存在一些对青少年来说意义重大的事实、特质、表现和形式，它们的共同特征就是能够促进模仿行为的发生。比如，有时候，有视力缺陷的孩子会对那些需要看的知识表现出强烈的求知欲。当然，不是每个有视力缺陷的孩子都会有这样的性格特征，因为不同的行为模式，会使孩子的求知欲走向不同的发展方向。换言之，有视力缺陷的孩子有可能变得细心敏锐，也可能变得呆板固执。

对于那些有听力障碍、戒心很强的孩子，我们也可以用这样的方法加以分析。通常来说，这些孩子在社会上遇到的危险比正常孩子要多得多，所以为了保护自己，他们必须发展某种或者某些感官能力。他人的讽刺、嘲笑和歧视，会使这些孩子变得敏感多疑。很多正常孩子可以参加的娱乐活动，有听力障碍的孩子都无法参加，可想而知，他们难免会仇视这些娱乐活动。

所以，"天生残疾的人天生敏感多疑"这种说法不能成立。基于同样的理由，犯罪性格与生俱来的说法也是错的。有些家庭确实会出现很多犯罪分子，有些人看到这种情况，就说犯罪性格是先天的或遗传的，事实并非如此。事实上，错误的人生观和世界观在这种家庭中起到了模范和榜样的作用。孩子从小在这种环境下长大，自然而然就把这些卑劣的行径，比如盗窃，当成一种谋生手段。

追求优越感的方式，也可以这样分析。每个孩子在成长的过程中，都会遇到各种各样的困难，解决困难的过程可以使孩子产生价值感和优越感，学会追求优越感的技巧。每个孩子追求优越感的方式都不一样。这种技巧可以通过学习、效仿（身边那些已经获得他人认可的人，那些具有一定影响力、受人敬重的人，便是他们效仿的对象），加以改进。这就解释了孩子的性格和父母的性格为什么总是非常接近。每代人都用这种方法向祖先学习，在追逐权力的过程中，他们也学会解决各种困难的知识。

优越感必然是一种极为隐秘的目标，因为社会感不允许它公然发展壮大。换句话说，它必须潜藏在暗处，在友善的面具后面发挥作用。我们必须再次声明，如果人与人之间能有更深入的了解，优越感就不会在暗处生长得如此茂盛；如果每个人都能以敏锐的目光洞察他人的性格特征，我们就不会受到伤害。每个人都会深刻地意识到追逐权力没有任何好处，如此一来，人们自然会压制甚至消除自己心里的权力欲。所以，我们只要深入研究人们的表现、人与世界的关系，并合理利用研究结果，就能使我们的环境变得更加友好。

我们生活的文化环境如此复杂，以至于个人很难自如地解决纷至沓来的人生问题。按理说，学校本该是提升智慧，进行心灵训练的最佳场所。可是直到现在，学校最重要的职能也只是把知识材料原封不动地展现在孩子面前，让他们在自己的能力范围内消化和吸收各种知识，而非激发和培养孩子的学习兴趣和学习能力。事实上，这样的新式学校只是我们的理想，即便有，也十分罕见，根本无法满足人类社会的需求。人们至今也没有意识到理解人性最重要的前提是什么。老式的学校告诉我们的是评价人性的标准，让我们可以分清善恶对错，可它没有告诉我们如何修正自己的观念。我们只好带着这样的缺陷（人人都有）在艰难苦痛中饱受折磨。

　　童年的偏见和谬误被我们带到了现在，像金科玉律一样不容侵犯。什么时候人们才能意识到自己被困在了错综复杂的文化环境中，从未真正触及事物的真相？总之，我们对事物所做的种种解释，都是以提升个人形象、增加权威感为基础的。

社会感有真有假

　　除了追逐权力和优越感，社会感是另一个在性格形成中发挥重要作用的元素。社会感和优越感一样，很早就出现在孩子的心理活动中。希望和他人在一起，想要获得温暖的感受，这些都是社会感的明显表现。自卑感和补偿自卑感的欲望（这种欲望往往表现在对权力的追逐上）都会影响社会感的发展。自卑情结对人影响极大。由于人类追求宁静和幸福生活的本能，人每次萌生出自卑感，就会随之产生寻求补偿和安全感的欲望。为了减少孩子的自卑情结，我们制定了各种教育规范，而这些规范的一个基本原则，就是不要让孩子太早经历困难、看到人生的阴暗面，应尽可能为孩子提供一个快乐的生活环境。但是，想要做到这一点，首先必须有一定的经济基础。可惜每个孩子的成长中总会经历一些不必要的误解、穷困和不足。有生理缺陷的孩子尤其如此，身体的残缺使他们多少远离了正常的生活方式，使他们形成这样的错误印象：特殊对待和特殊法律的庇护，是其生存的必备条件。就算这些条件都满足了，有生理缺陷的孩子仍然会觉得人生艰难、缺少乐趣。社会感的匮乏会使他们的人生变得越发艰难。

社会感是正确衡量一个人的价值和思想行为的唯一标准。我们必须拥护这一观点，因为在人类社会中，每个人都要和社会保持联系。我们必须清楚地认识到，每个人对别人都有一定的责任和义务。我们既然在人类社会中生活，就要接受社会规则的约束，这决定了我们必须以大众承认的标准，即社会感的发展程度，来评判他人的价值。我们无法否认自己对社会感的依赖，事实上，没有人能够彻底消除社会感。社会感时刻提醒着我们对别人的责任和义务。当然，这不是说我们永远没有脱离社会感的时刻。不过，我们必须承认，想要歪曲或者消除社会感并非易事，没有某种力量的加持，绝无可能。社会感的普遍存在，让人们养成了在行动之前，必须通过社会感来为自己辩护的习惯。也就是说，为了满足社会感的需要，我们的任何行动——即便是不合理的——都要披上一层合理的外衣。人们在生活、思想和行动中发展出很多以假象来满足社会感的"技巧"——用虚假的社会感来掩盖自己的真实倾向。这种欺骗出现的可能性，增加了我们评判社会感的难度，而想要真正评价一个人和他的某种行为，就要把这些倾向了解清楚。接下来，我们通过几个例子来说明，社会感是如何被曲解的。

一个年轻人告诉我们，他曾经和几个朋友在海里游泳。他们游到一座小岛上，当时有个人站在悬崖边上，一不小心掉了下去。年轻人探身向崖下张望，怀着极大的好奇心，眼看着自己的朋友坠入了大海。后来，他回忆这件事时，又说自己那么做并不是因为好奇，而是因为关心。好在掉进海里的那个年轻人最后被救了上来。但这个讲故事的年轻人，我们必须承认，他的社会感极其匮乏。即使他一生中从未伤害过别人，和自己的朋友也都相处得很好，我们也无法相信他是一个社会感很强的人。

当然，想要证明这个大胆的假设——他缺乏社会感——需要有更多的事实依据。年轻人经常做梦，梦见自己被关在丛林深处一间漂亮的小屋里，那里远离尘嚣，渺无人烟。这个梦是他最喜欢的绘画题材。只要了解想象的含义和他的人生经历，任何人都很容易明白，这个梦正是他社会感匮乏的又一个证据。如果不考虑道德问题，我们完全可以得出结论，他错误的发展方向阻碍了他的社会感的发展，他以后也会因此遇到不少麻烦。对他来说，这个评语还算中肯。

还有一个有趣的案例，足以显示真社会感和假社会感之间的差异。一个老太太赶公交时没站稳，摔倒在雪地上。她站不起来，人们从她身边匆匆走过，没有一个人肯去扶她起来。好久之后，老太太才被好心人扶起来。这时，旁边有个男人跳出来向这位好心人致意。他说："谢天谢地，我终于看到一个好人，我在这儿等了五分钟，就想看看有没有人能帮助这位老人。你是第一个！"看吧，这就是对社会感外衣的滥用。这个男人靠着这种一戳就破的把戏，把自己放在法官的高位上，在那里大肆评判他人对错时，却没想过自己袖手旁观的行为是对是错。

还有一些更加复杂的情况，让人难以辨别社会感的真假强弱。除了更加认真地观察、分析，我们也没有其他办法可以洞察真相。比如，一位将军明知大势已去，仍然把成千上万的士兵推向战场。这位将军也许会说，他是为了国家利益才这么做的，很多人也认同这一点。但是，不管他拿出了多少看似合理的理由，我们都很难把他当成一个理想的合作伙伴。

我们必须站在普遍适用性的角度，才能对这些错综复杂的情况做出正确的判断。这个角度要与社会利益和公众利益相适应，如此才能降低判断特殊状况的难度。

社会感的强弱体现在个体的一举一动之中，尤其是在他对别人的态度、握手的姿势、交谈的方式等外在表现上。他的整体人格以这样或那样的方式给人留下了深刻的印象。我们通过自己对他人言行举止的直观感受来了解一个人的整体人格，并以此为依据，决定如何与之相处。这里的讨论都是为了把直觉引入意识的范畴，并对其进行测试和评估。这是从无意识转换到有意识的过程，它的一个重要价值就是减少错误成见所造成的影响。无意识是一种不受理智控制的状态，会使人失去修正错误成见的机会。

需要注意的是，只有深入了解一个人的成长经历和所处环境，才能正确评价他的性格。如果我们只看到个人的某种人生现象，就轻易评价他，不得不说，这种评价出错的概率是很高的。因此，我们在评价他人时，不能只看他的健康状况、他所处的社会环境、他接受了何等程度的教育。

对这个问题的研究，可以大大减轻人类的负担，是非常有价值的。当我们对自身有了足够的了解，掌握了一些生活技巧，就可以建立起更能满足自身需求的、更合理的行为模式。这种模式对个人（尤其是孩子）影响很大，可以让人摆脱盲目的人生。很多人都因为目标缺失或偏颇而走上了错误的人生道路。深入理解、妥善利用这部分内容，可以使人从家庭不幸、生理缺陷和环境恶劣的痛苦中走出来。只要做到这一点，人类文明就会迎来巨大进步，新的一代将勇敢前行，成为命运的主宰者！

性格的发展方向：从直线到迂回

毫无疑问，性格的主要特征必定符合童年心灵发展的方向。心灵发展的方向可能是直线，也可能是曲线。起初，孩子直奔目标而去，形成了积极勇敢的性格。但是，没人能永远保持直线发展，因为人生总有这样那样的困难和阻碍。无法逾越的困难严重损害了孩子的优越感，他只能退步或者绕行，孩子的性格特征由此发生变化。还有一些阻碍，比如器官发育不良、他人的敌意和排斥，也会影响性格的形成。除此之外，社会整体环境、社会风尚、学校教育等元素，也很重要。

在我们的文明中，教育者（主要是父母）对孩子性格的影响很大。为了让孩子在发展自身时，沿着当代社会生活与文化的主流方向前进，人们精心设计了各种原则和态度，并通过对孩子表达关爱、提出要求等方式，将这些原则和态度传递给孩子。

一切阻碍都会影响性格的直线发展，只是每个人偏离的程度各有不同。起初每个孩子都会直面前方的阻碍，但这种情况持续不了多久。当他明白了火的危害，他就会小心火；当他明白了敌人的危险，他就会谨慎地对待敌人。他不再直线前进，而是选取了一条迂回曲折的道路，通过各种计谋甚至阴谋，来实现自己获得认可、掌握权力的目标。他的总体发展和这种偏离密切相关。

以上情况，决定了他会不会谨慎到懦弱的地步，有没有严重低估自己的行动效能，以至于产生自卑心理，觉得自己无论怎么做都无法达到正常生活所要求的标准，丧失勇气，不敢承担义务，不敢直面人生问题。有些人变化太大，最初的勇气已经荡然无存，不敢和他人对视，连一句无关紧要的真话都不敢说。

沿着不同的路径可以走向同一个终点，所谓殊途同归，便是如此。同样，两个性格截然相反的人，比如极度懦弱的人和非常勇敢的人，也可能有着一样的目标。

从某种意义上说，两种类型的性格可能出现在同一个人身上。最容易拥有两种性格的，莫过于发展方向尚未定型的孩子。他看问题的角度还在变化之中，还没有形成固定的行事原则，他愿意尝试其他道路，在困难中第一次失败之后，会积极主动地寻找其他方法。但这是一种不稳定的状态，随着时间的流逝和世事的打磨，每一条直线都会变成曲线，这是性格发展的必然结果。就像人类因身体脆弱而必须群居一样，若是直线前进，再强大的武器，在层出不穷的困难和阻碍面前，也要被磨平锋刃。所以，曲线发展既是妥协，也是进步。

乐观与悲观

在困难面前，人主要表现出两种性格特点：一种是乐观，一种是悲观。

先说乐观。这种性格通常是心灵与儿童时期发展方向一致的结果。这种性格的人，能够勇敢地面对人生中的一切苦难。他们对自己充满信心，以乐观和相对恣意的态度对待人生。他们清楚地知道自己能力的高低，乐天知命，对人生没有太多要求。他们不是自卑者，不妄自菲薄，也不会因过去的错误而长久陷入自责和悔恨中。相比于那些面对困难束手无策的人，乐观的人对困难的容忍度要高出许多。即使面对最危险的处境，也能镇定自若，相信一切困难都是暂时的，相信"深山必有路，绝处总逢生"。

我们很容易从一个人的言行，判断他是不是一个乐观的人。乐观的人行事坦荡大方、不卑不亢、敢说敢做。用富有诗意的语言来形容他们，可以说："他们愿意敞开胸怀，拥抱每一个朋友。"由于对人没有戒心，或者说少有戒心，他们在交友时总能表现得游刃有余，亲和力极强。他们不会把话藏在心里，弄得大家都不痛快。他们的姿态、举止轻松自然，连走路的姿势都带着生机勃勃的劲头。不过，人大概只在纯真稚嫩的童年时期，才有这种纯粹直白的乐观吧！不得不说，在现实生活中，这样的人非常少见。但是，只要有一定程度的乐观精神和社交能力，我们就已经能够感受到乐观的好处了。

与乐观的人相反，悲观的人显然是教育失败的产物。童年的经历和记忆，使悲观的人产生严重的自卑情结，于是他们以后无论遇到什么困难，都会得出人生艰难、世事险恶的结论。不幸的童年生活给他留下了一套悲观的人生哲学，使他更容易看到人生的阴暗面。相比于乐观主义者，他们对人生中的困难更加敏感，很容易就会丧失与之抗争的勇气。他们饱受不安全感的折磨，对他人的支持和帮助充满渴望。他们把这种渴望充分融入了自己的行为。比如，小时候因为不能忍受孤独，只要母亲一往外走，就要哭喊着把母亲找回来。这种哭喊在他们心底留下了深刻的印记，有些人直到变成满脸皱纹的老人都无法忘记。

我们也很容易从一个人的言行，判断他是不是一个悲观的人。悲观的人总是一副忧心忡忡的样子，他们谨小慎微，几近懦弱，反复思考可能出现的危险，睡眠质量也不太好。没有什么比睡眠质量更能有效地衡量一个人的发展情况了。饱受不安全感折磨的人和过于谨慎的人，睡眠质量通常很差。这种人就好像连睡觉的时候都要提高警惕，以避开人生中的危险。他们对人生的理解如此肤浅，几乎感受不到任何人生乐趣。睡眠不好的人，生存能力大多很低。如果人生真如他想象的那么悲苦，睡眠对他来说就成了毫无必要的奢侈品，如此一来，他就更加无法安枕了。悲观者对人生总是束手无策，他们好像没有准备好迎接现实生活一样，潜意识里就抗拒睡眠，虽然睡眠和他们所遇到的问题没有任何关系。

我们认为那些总担心门没锁好，会有小偷趁夜入室盗窃的人，也有悲观的倾向。事实上，睡眠姿势也可以作为辨别悲观者的依据，因为悲观的人睡觉时喜欢把身体蜷缩起来，或者用被子蒙着头。

进攻与防守

在困难面前，人主要表现出两种行为模式：一种是进攻，一种是防守。进攻型的人主要表现为激烈、豪迈的性格特征。如果他们急于向世界展现自己的能力，会把勇气变成鲁莽的行动，这恰好证明了他们已经是不安全感的俘虏。面对困难，进攻型的人为了忽略内心的恐惧和忧虑，会表现得格外勇猛强悍。他们假装自己是真正的男子汉，为了扮演这个角色，装腔作势、拿腔作调，甚至会有一些可笑的表现。他们中有一些人坚信只有懦弱胆小的人才需要温情或显露温情的一面，为此竭力压制心里的柔情。这种人会表现出残忍、野蛮的特征，如果他们还有悲观的倾向，就会与整个世界为敌。因为同情心匮乏并且合作能力低下的人，是很难和外界建立友好关系的。对自我价值的过分高估，会使他们变得骄傲和狂妄。他们洋洋自得，就像一个真正的成功者。

过于明显的虚张声势，会暴露他们的性格缺陷，增加其融入现实世界的难度。这就像在流沙上面盖房子，看着巍峨浩大，却毫无根基。为了获得优越感和他人的认可，他们表现出攻击的态度。越是难以融入现实世界，这种虚张声势的攻击态度就越难以消除。

这种人将来的发展多半不太好，因为不管是个人还是社会，都不太能接受这种锋芒毕露、蛮横霸道的行事作风。他们为了满足自己的优越感而努力奋斗，可是，很快就遇到了很多同类型的对手。因为他们的行为很容易激起他人的竞争意识。对他们来说，人生就是一场永无止境的战争，过往的胜利或许给他们带来极大的快感，可是没有人能永远成功，他们的快乐会随着失败的到来而消失无踪。他们永远活在对失败的恐惧之中，不知道自己能不能卷土重来、转败为胜。

失败会使这种人的性格转向另一个方向——防守。在遇到困难时，他们不再采取进攻的态度，而是以忧虑、戒备、懦弱来弥补安全感的匮乏。可以肯定，这种性格和前面描述的进攻型性格有很大关系。进攻型的人会因为难以逾越的障碍，转变成防守型。事实上，如果没有第一种性格，第二种性格就不会出现。防守型的人很容易被困难吓倒，进而选择逃避退让。因为悲观的情绪让他们只能看到惨淡的结局。有时，他们会用冠冠堂皇的理由来掩饰自己的懦弱，好像逃避只是为了夺取最终胜利的战略后退一样。

为了逃避现实，他们有时会刻意放纵自己沉迷在回忆和想象之中。有些人失去进取心之后，还能为社会做一些贡献。比如那些通过想象为自己创造了另一个世界的艺术家。那是一个没有任何阻碍的理想世界，是他逃避现实生活的完美乐园，只是防守型的人很少能做到这一点。他们在困难面前很容易妥协，然后一次次遭遇失败。对他们来说，这是一个充满敌意的世界，他们时时刻刻都在担忧、恐惧，害怕每一个人、每一件事。

一个永远都在妥协和退让的人，在我们的文明中，必然会遭到鄙视和排斥。他们的逃避，只能使自己的处境越来越糟，而这又进一步增强了他们的防守态度。很快，他们就对人类的美好品质和光明生活失去了信心。这种人对外界普遍持批判态度，这是他们的一个显著特点。这种态度发展到最后，会使人把全部注意力都放在寻找别人隐藏的缺陷上。他们不会给自己身边的人提供任何帮助，却整天像法官一样对他人评头论足、泼凉水、找麻烦。不信任的态度，让他们总是处于焦虑和犹疑之中，面对人生困境，也是瞻前顾后、犹豫不决，恨不得立即把手里的工作扔掉。这种人总是一只手摆出防守的姿态，一只手捂着眼睛，以免真的看到危险。

这种人还有一些很讨人厌的性格特点。我们知道，一个不相信自己的人，也不会相信别人。这样的性格与嫉妒、贪婪总是相伴相生。怀疑一切的人更喜欢远离社会、人群，独自生活。因为他们不愿意分享他人的快乐，也感受不到他人的快乐。有时，他们还会因为他人的快乐而感到痛苦，于是不希望他人得到快乐。他们中的一些人也许以某种方式，获得比他人更高的优越感。有时，他们会以某种复杂的方式，无所不用其极地保持这种优越感。他们对人类的仇视，在这些行为中显露无遗。

几种攻击型性格

嫉妒

嫉妒是一种很有趣的性格特征，在日常生活中经常能遇到。它会严重影响个人和社会的发展，因此很有必要仔细讨论。嫉妒不只出现在爱情关系中，在其他很多关系中也会出现。比如，稚嫩的孩子会在相互的比较中生出嫉妒情绪。嫉妒，通常和好胜同时出现。有这两种性格特征的孩子在生活中会表现得非常好斗。嫉妒通常来自受到忽视和歧视的感觉，它会和人相伴一生，跟好胜是同一类性格。

年长的孩子看到父母把更多的精力放在弟弟妹妹身上，感觉自己像一个被篡夺了王位的君主。这些孩子原本是父母视线的唯一焦点，沐浴在父母阳光般温暖的爱意中，现在这一切都被新生儿抢走了，他们怎能不嫉妒？要说这种情绪有多强烈，我们可以看看下边这个例子：一个女孩还不到 8 岁，就杀了三个人。

这个女孩因为反应迟钝、体弱多病，什么事都做不了，所以家人对她也没什么要求。对她来说，这是一个较为宽松和舒适的生活环境。可是，这种舒适感在她6岁那年忽然消失了。她有了一个小妹妹。这使她的心境发生了翻天覆地的变化。出于嫉妒，她甚至会对妹妹动手。父母不知道她为什么要做这么残忍的事，严厉地斥责了她，还狠狠地惩罚了她。有一天，村子里的人在河里发现了一个被淹死的小女孩。没过多久，又发现了一个。最后，这个病人在把第三个小女孩扔到河里时，被人当场抓住。她承认了全部罪行，被送进了精神病院，之后又被送进疗养院接受进一步的治疗。

在这个病例中，女孩把对妹妹的嫉妒转移到了其他孩子身上，而且她嫉妒的对象，很明显都是女孩。她把她们当成了妹妹的替身。杀掉她们，是为了报复，以消解自己因受到忽视而产生的嫉妒情绪。

在儿女俱全的家庭中，嫉妒情绪会表现得更为明显。众所周知，在我们的文明里，女孩总是不如男孩受重视。看到父母因弟弟的出生而欣喜若狂，看到弟弟得到更多的照顾和关爱，看到弟弟拥有很多自己永远都无法得到的利益，姐姐怎能不失望、不嫉妒？

这种关系很容易引发仇恨情绪。有的姐姐像母亲一样疼爱自己的弟弟，但这种态度其实并不是出于对弟弟的爱，而是因为疼爱弟弟妹妹，可以让姐姐获得一种权威感。她在危险的处境中，找到了一块可以按照个人意愿行事的风水宝地。

通常来说，家庭内部的嫉妒是由兄弟姐妹间的激烈竞争引起的。父母偏心弟弟（或哥哥），会让女孩觉得自己受到了忽视，她自然就把兄弟当成竞争对手，并为此而努力。她多半能得偿所愿，一方面是因为她足够勤勉，一方面则要感谢上天的安排，因为无论在心理上还是在身体上，女孩都要比男孩成熟得早，虽然青春期结束以后，这种差距会慢慢消失。

嫉妒的表现方式多种多样：不信任他人、伺机而动的攻击、害怕被忽视、对朋友诸多挑剔，等等。这些表现方式中的哪一种占主导地位，要看嫉妒者此前在人生中做了什么样的准备。嫉妒的表现方式主要有两种：一种是自我毁灭，另一种是固执己见。有嫉妒性格的人喜欢给别人泼冷水、无缘无故地把别人当成对手、限制他人的人身自由，以便征服对方。

毫无疑问，每一个追逐权力和控制权的人，都会表现出嫉妒的性格特征。高远的理想和骨感的现实之间，就像隔着一道不可逾越的鸿沟，所以越是目标远大的人，越容易产生自卑情结。

自卑可以影响人的行为和人生态度。因为目标迟迟无法实现，他的信心就会逐渐流失，自我评价越来越低，对生活极为不满。他越是这样，离心中的目标就越远，这是一个恶性循环。到了最后，他会把心思放在别人的成功上，每天想的都是别人会怎样看待他、别人取得了怎样的成就。他还会有一种被忽视的感觉，并为此受尽折磨，总觉得别人在笑话他。事实上，他拥有的东西可能远比别人多，成就也远比别人大。即便如此，他还是会觉得自己受到了忽视。所以说到底，还是因为他的欲望太多，甚至想得到一切，他无法压制自己的虚荣心。当然，他绝不会在公开场合表露自己的虚荣，因为社会感不允许他这么做。但是，我们完全可以通过他的行动来了解他的真实想法。

不停估算他人的成功所带来的嫉妒情绪，就像一把捅进幸福人生中的匕首。普遍存在的社会感,使人对嫉妒情绪有一种本能的排斥和厌恶。可是,即使如此,没有嫉妒情绪的人仍然非常少见。谁也无法保证自己能够彻底消除嫉妒。生活顺利的时候,嫉妒往往表现得不太明显,但在人遭遇痛苦、受到磨难、穷困潦倒、衣食无着时,在人看不到未来的希望、在困境的泥沼中苦苦挣扎却无力自拔时,嫉妒就会现身。

人类如今正处于文明的起步阶段,需要改进的地方不计其数,虽然伦理道德和宗教信仰一再告诫我们要清除心底的嫉妒,但我们的精神却终究没有那么成熟。我们理解穷人的嫉妒,但是如果有人说自己即使身处穷困之境,也不会生出一点嫉妒,我们是无论如何也不会相信的。值得注意的是,研究嫉妒情绪时,必须考虑当代人的精神处境。当一个人或组织受到很多限制时,难免会有嫉妒情绪。最糟糕的是,当嫉妒以一种极不合理或者极其可恶的形式表现出来的时候,我们却不知道要怎么做才能消除嫉妒,避免随之而来的仇恨。然而,可以确定的是,这个时候最恰当的做法是尽可能不去试探嫉妒,不要去刺激和强化嫉妒。我们或许无法消除嫉妒,但至少可以要求自己不在同伴面前卖弄优越感,因为这很容易损害对方的自尊心。

嫉妒的源头证明了个人和社会的不可分割。没有人能在享有高高在上的权力和地位的同时,不引起他人的反对和抵制。嫉妒会挑起人与人之间的争端,为了保证生活环境的和平,人类制定了规则,比如"人人生而平等"这项社会规则。这是人类社会的基本规则,一旦遭到破坏,必定引来混乱。

有时,我们可以从一个人的表情中轻易地看出他心底的嫉妒。人们在形容嫉妒的时候，经常会说"嫉妒得脸色发青或者发白"。从这些比喻中可以清楚地看到嫉妒所引起的生理变化，或者说它对血液循环的影响——使毛细血管收缩。

毫无疑问，嫉妒他人的人一定会危害公众生活。这种人把全部心思都用在索取和给别人制造麻烦上，每次遭遇失败，都会给自己找理由，把责任推到别人身上。他们好胜心极强，总给人留下一大堆烂摊子，不喜欢与人和平共处，不愿意帮助别人。他们绝不会设身处地为别人着想，对人性一无所知。他们不会因伤害别人而羞愧、后悔，因为有时候，别人的痛苦正是他们快乐的源泉。

既然嫉妒无法消除，那么，为了生活得幸福，我们就必须竭尽所能地使嫉妒朝着有助于公众利益的方向发展，尽量减小它对精神生活的影响。这不仅对群体有好处，对个人也是如此。所以，在选择职业时，要选那些能够提高个人自尊的职业。

贪婪

贪婪总是和嫉妒相伴相生。很多人以为贪婪只表现在对金钱的渴望上，其实不然，贪婪是一种普遍的不愿为社会和别人做贡献、不愿给别人带来快乐的行为模式。贪婪的人在自己周围筑起了一堵墙，以守护他那可怜的财宝。贪婪不仅和野心、虚荣心有关系，和嫉妒也有关系。毫不夸张地说，这几种性格特征往往同时存在。只要发现其中一种，不需要什么惊人的读心术就能断言其他几种的存在。

当今社会，每个人或多或少都有一点贪婪。普通人所能做的最好的事，就是用一种夸张的慷慨来掩饰或隐藏自己的贪婪，这就像一种施舍，以慷慨的姿态，通过贬低他人的人格来抬高自己的人格。

在某些情况下，贪婪也能算是一种可贵的品质，比如当它被导向某种生活方式的时候。确实有这样一些人，他们时间观念极强，会抓紧一切时间努力工作，最终在事业上取得了很大的成就。现代社会有一种科学的道德的观念，名为"时间贪婪者"，按照这种观念，人人都应该节约时间，尽可能地提高工作效率。这个理论听着义正词严，但是落到实处，其服务对象也只不过是某些人的优越感和权力，他们滥用"时间贪婪者"这个观念，以推卸自己的责任，让别人加班工作。

我们可以像评价其他一切行动一样，以普遍适用性为标准来评价这一理论的好坏。在科技飞速发展的时代，人被当成了机器，生活规则如同科技规则，这是我们时代的一个显著特征。这些规则放在科技活动上再合理不过，但放在人际关系上，这只能导致疏离、孤独以及人际关系的破坏。所以，最好是调整我们的生活方式，学会给予，而不是节约。当然，这条法则不能脱离语境，也不能滥用这一法则来损害他人。只要时刻记得为公众利益服务，人们就不会用它来损害他人。

憎恨

我们发现，好斗的人身上一定有这种性格特征——憎恨。憎恨的情绪在婴儿期就已出现，既表现在较为激烈的大发雷霆和责骂痛斥中，也表现在较为温和的喋喋抱怨和恶毒念头中。

憎恨和批评他人的激烈程度，可以展示出一个人的整体人格。明白了这一点，我们才能深入地理解人性，因为憎恨和恶意赋予了人格一种独特的色彩。

憎恨可以有各种方向。它可能指向一个人必须执行的任何任务，个人、国家、阶层、种族、异性都能成为憎恨的对象。憎恨不会明目张胆地表现出来，但是跟虚荣心一样，憎恨知道怎样掩饰和伪装自己，比如装出一副泛泛而谈的批评态度。憎恨会破坏一个人的社会关系，而社会关系的损坏则会进一步强化憎恨情绪。有时，一个人的憎恨会像一道闪电一样，突然暴露出来。有一位病人就是这种情况。他说自己虽然没有当过兵，却很喜欢看那些大屠杀之类的新闻。越是残忍恐怖的事情，越能激起他的阅读兴趣。

憎恨突然暴露，这种情况在犯罪事件中十分常见。在我们的社会生活中，憎恨的倾向可能发挥着巨大的作用，却往往以较为温和的形式表现出来，完全不会使人觉得受冒犯或吓人。

厌世就是其中一种隐藏的形式，它流露出对人类的极大敌意。很多哲学流派都弥漫着敌意和厌世情绪，简直可以把它们等同于粗俗的、毫不掩饰的残忍暴虐的敌对行为。厌世情绪有时也出现在名人传记中。我们不必费心研究这个说法有多少真实性，只需记住：憎恨和残忍，有时确实也会出现在艺术家身上，尽管艺术家如果想要创造出有价值的作品，应该向人性靠拢。

憎恨的表现方式多种多样，想要把这种性格特征和厌世倾向之间的联系完全解释清楚，需要大量的篇幅才能做到，所以

第七讲
性格是怎么形成的

暂且以职业的选择为例,说明厌世情绪对人生的影响。格里尔帕策说:"诗歌可以让人尽情地发泄自己的残酷本能。"但这并不表示,没有憎恨,这些职业就无法开展。事实正好相反,无论一个人如何仇视人类,当他决定从事某个职业,比如去当兵时,他能够很好地控制自己的敌对倾向,完全符合社会期待,至少表面上是如此。这是因为他必须调整自己以适应组织,也是因为他必须和同事建立合作关系。

掩饰得比较好的一种憎恨,当属过失犯罪。这是一种威胁他人生命财产安全的行为,是社会感严重缺失的表现。法律界对过失犯罪的界定问题一直争论不休,但至今也没得出一个让人满意的答案。不言而喻,一个可以列入"过失犯罪"的行为,跟犯罪行为是不同的,比如,放在窗台上的花盆一不小心掉下去砸到了人,这和直接拿花盆砸人是不一样的。但有些人的"过失犯罪"行为无疑和犯罪有关。对这种行为的分析,是理解人类的又一个关键。在法律上,过失犯罪因为不是主观故意,所以能减刑,但是毫无疑问,无意识的敌对行为和有意识的恶意行为,两者背后的敌意是不相上下的。

如果你仔细观察过嬉戏的孩子,就会发现,有些孩子很少考虑别人的安危,可以肯定,他们对自己的小伙伴并不友好。当然,我们需要更多证据来证明这一点,但如果每次这些孩子玩的时候,都有不幸的事情发生,我们就必须承认这个孩子不太在意玩伴的安全。

现在,我们要特别注意商业活动,虽然拿商业来证明过失和敌意之间的相似性并不是特别有说服力。商人很少关心竞争对手的利益，对我们一再强调的社会感缺乏兴趣。很多商业活动和企业显然都是建立在这个理论的基础上：商人之间是此消彼长的关系，对手失利，自己才能获利。这些活动通常不会受到任何惩罚，即使里面存在明显的主观恶意。这些日常的商业活动中存在着社会感的缺失，就像"过失犯罪"一样，毒害着我们的整个社会生活。

即便是那些心怀好意的人，在商业压力下，也只能力求自保。我们忽略了这样的事实，即这种自保往往伴随着对他人的伤害。由此可知，商业竞争会极大地损害社会感，这就是为什么我们要特意强调这些问题。我们必须找出合适的办法，来降低合作的难度，减少合作共赢之路的阻碍。事实上，为了尽可能地保护自己，人类的心灵一直在自动地努力建立一种更好的秩序。心理学的一项重要任务就是坚持研究这些心理变化。如此一来，我们不仅能理解商业关系，还能理解同时起作用的心理机制。只有这样，我们才能知道可以对个体和社会抱有什么期望。

过失犯罪在家庭、学校、社会生活和大多数团体中普遍存在。很多人为了成为万众瞩目的焦点，可以完全不顾伙伴的利益，却不知道这种行为早晚会受到惩罚。有时候，惩罚要很多年之后才会到来，所谓"天网恢恢，疏而不漏"。有些人从未反思过自己的行为，也不相信因果循环，最后当惩罚降临，还不知道这是他过往恶行的必然结果，自以为受到了不公正的对待，怀冤抱屈、牢骚满腹。这种不幸的命运本身可以归因于这样一个事实：经过一段时间的努力之后，别人再也无法忍受他的自私，纷纷选择离他而去。

尽管可以找出各种理由来解释过失犯罪，但是仔细观察就会发现，过失犯罪在本质上是厌世情绪的表现。比如，一位司机超速行驶撞到了人，他解释说自己有重要约会才会开那么快。可是，有什么约会重要到罔顾他人性命呢？说到底，不过是这位司机把自己的个人私事看得比公众利益更重要。个人私事与社会利益之间的差距，反映出一个人对人类的敌意有多深。

第八讲
▽
为何你如此感伤

每个人都有情绪，但不同的人调控情绪的能力是不同的。我们不妨将个体在特定的情境下产生某种情绪的能力，称之为"情绪能力"。在生活中，情绪发挥着至关重要的作用，比如直接影响我们的身体。正面的"情绪能力"，是以愉悦身心为目的，寻找和激发积极情绪的能力。当人和社会良好互动、合作共赢时，产生的是积极情绪；当人远离人群、社会，找不到生存目标时，产生的是消极情绪。

什么是"情绪能力"

上一章谈性格特征，这一章谈情绪和情感。情绪和情感是性格特征的强化形式。情绪表现为一种突发性的发泄（处于某种有意识或无意识的需要的压力之下），和性格特征一样，它们有确定的目标和方向。情绪是特定时间内的心理活动。情感并不是无法解释的神秘现象。情感的产生，和人想要在不违背自己惯有的生活方式与行为模式的前提下，改变自身处境的愿望密切相关。情感是强化的、激烈的心理活动，发生在人找不到达成目标的办法时，或者对目标的达成失去信心时。

　　有些人被自卑感和无力感压得痛不欲生，不得不全力向上搏杀，坚信只要自己够努力，就能出人头地，成为胜利者。为了消除心底强烈的不安全感，获得优越感，人们给自己制定了人生目标。即使他对自己的能力没有足够的信心，也不会放弃自己的目标，只会靠着情绪和情感的帮助，更加努力地向着目标前进。总之，个人有机会凭借情绪这种强烈的心理活动，实现自己的人生目标。如果这种方法很难得到认可，我们就很难看到情绪的爆发了。

　　情绪和情感与人格的本质密切相关，是人类的共同特征，而不是单个个体独有的特征。我们不妨将个体在特定的情境下产生某种情绪的能力，称为"情绪能力"。

　　情绪是人类生活中必不可少的一部分，每个人都能体验到情绪。即使我们从来没有真正接触过一个人，只要我们掌握他足够多的信息，我们就能很好地猜想他一般的情绪和情感。作为一种根深蒂固的现象，情绪和情感的变化一定会对我们身体产生影响，因为身体和心灵是一个密不可分的整体。

　　通常来说，情绪变化会影响我们的血管与呼吸器官，主要表现在满脸通红、脸色苍白、呼吸异常、脉搏加快等方面。

当人和社会良好互动、合作共赢时，产生的是积极情绪；当人远离人群、社会，找不到生存目标时，产生的是消极情绪。我们将这两种情绪分别称为"联合性情感"和"疏离性情感"，接下来，就让我们详细谈谈这两种情感。

联合性情感

在所有情绪中，联合性最明显的，莫过于快乐和同情。

快乐是最能使人建立亲密关系的情绪。它和疏远、孤立完全对立。快乐的人喜欢结交朋友，和他人玩耍、工作、拥抱、亲吻，分享快乐。如果用富有诗意的语言来描述快乐这种联合性情感，可以说："快乐是向伙伴伸出的手，可以把温暖带给他人。"这种情绪包含了所有的联合性元素。不过，快乐的人也有需要战胜的孤独感和不满足感，也要像前文说的那样以某种方式获得优越感。事实上，战胜困难最好的办法，就是成为一个快乐的人。欢笑是快乐的孪生姐妹，是构成快乐的基本要素。欢笑可以使人放松精神，从压力中解放出来。笑声具有强大的感染力，可以把快乐的情绪传递出去。

在现实生活中，有些人为了达到自己的目的而滥用快乐和笑声。比如，一个极度渴望关注的人听说地震造成了巨大的人员伤亡，居然笑得前仰后合。他认为悲伤是脆弱的表现，每次听到坏消息，他都想用快乐这种和忧伤对立的情绪，来摆脱沮丧和痛苦的感受。但是，对欢笑和快乐的滥用——在错误的时间和地点表现出快乐的情绪——是幸灾乐祸的表现，是否认和破坏社会感的疏离性情感。

同情是最能体现社会感的情绪。有同情心的人大多有成熟的社会感，和亲人、朋友相处得也都很好。

联合性情感的滥用

不过相比于缺少同情，现实生活中更常见的，恐怕是滥用同情。滥用同情的人总是装模作样，好像自己的社会感当真很强，可是这种夸张的表现刚好证明了他的虚伪。比如，有些人心急火燎地奔赴受灾现场，只是为了让自己的名字出现在报纸上，或者去看别人到底如何凄惨困窘，他们没有也不愿意去帮助受害者。看到满脸仁义的乐善好施者，请务必把他们的人格和行动联系起来，因为他们对穷人和受苦者的帮助，很可能是为了展现自身的优越感和借机邀名，就像深谙人心的拉罗什富科说过的那样："我们会因朋友的不幸而得到一些满足感。"

需要注意的是，这种现象和我们欣赏悲剧表演不是一回事。有人说，人们看悲剧，是为了获得优越感和价值感，台上的悲剧人物越是凄惨落魄，观众越能感受到自己的幸福和崇高。事实并非如此，因为大部分观众都没有这种感受。人们喜欢悲剧，是希望通过悲剧故事，加深对自己、对人类本性的理解。我们很清楚那只是一出戏，但这并不影响我们从中吸取养分和人生经验。

谦卑是一种兼具联合性和疏离性的情感，它是社会感的一部分，和心理活动密切相关。如果没有这种情感，人类社会很难延续下去。这种情感总是在存在感和自我评价降低时产生。它能引发强烈的生理反应，具体表现在毛细血管扩张上。毛细血管扩张时，人们就会面色发红，还有些人全身都会变红。

谦卑的外部表现和退缩是一样的。这是一种想要跟外界隔离的姿态，通常伴有轻微的沮丧情绪，很像是准备逃离险境时的状态。所以，低垂的眼睛、羞愧的神情，其实是准备逃跑的预兆。正因如此，我们才说谦卑也是一种疏离性情感。

任何情绪都有被滥用的可能，谦卑当然也不例外。有些人动不动就脸红，这种疏离会严重影响他和朋友的交往。对谦卑的滥用，会进一步强化其疏离的特性。

疏离性情感

愤怒

人在追求权力和优越感的过程中，愤怒这种情绪表现最为明显。很明显，这种情绪的目的是迅速而有力地扫除愤怒的人前进道路上的一切阻碍。过去的研究告诉我们，愤怒的人为了获得优越感可以无所不用其极。不过，追求认可的人，常常会变成醉心于权力的人。所以，任何威胁其权力的行为，即使这种威胁十分微小，都足以引起他们的雷霆之怒。他们相信（可能是因为过去的经验），这种方法可以使他们轻易打败对手，实现自己的目标。这样做很不文明，但在大多数情况下是有效的。很多人都能回忆起自己是如何靠忽然爆发的愤怒，重新树立起威望的。

　　这里所说的是那种带有目的性的、经常发生的、不合情理的愤怒，而不是理由充足、值得体谅的愤怒。有些人实际上是用他们的愤怒建立了一个系统，因为他们没有其他方法来解决问题。他在表达愤怒方面技艺纯熟，很容易就能引起别人的关注。这种人通常既高傲又敏感，无法容忍别人比自己优秀或者旗鼓相当，只有超过所有人，他们才心满意足。他们时刻以敏锐的目光，观察着身边的一切，生怕别人会超过他或者低估他。他们的敏感使得他们还有一个常见的性格特征，就是多疑，总觉得没有一个人是可信的。

　　除了敏感多疑，我们还可以发现其他一些和愤怒密切相关的性格特征。一个不容别人超越自己的人，生存压力一定很大。他害怕失败，不敢面对艰难的任务，这严重影响了他适应社会、融入社会的进程。稍不如意，他就会勃然大怒。为了表示抗议，他会打碎一面镜子或一只昂贵的花瓶。事后，就算他再怎么道歉，说自己失去了理智，不知道自己在干什么，我们也无法相信他。他的行动一定是有计划的。

　　虽然在一个较小的圈子里，这种方法取得了一定的成功，但放在一个大圈子里，就很难发挥作用了。于是，这些易怒之人很快就会和整个世界发生冲突。

愤怒的人会有什么表现，我们已经很清楚了，所以有时只要听到"愤怒"一类的词语，就能想象出一个焦躁疯狂的形象。这种人显然对世界充满敌意。我们从他们的愤怒中清楚地看到他们几乎完全否定了社会感。对权力的追逐，吞噬了他们的良知。为了达成目标，他们什么事都做得出来，即使是杀人放火、烧杀抢掠。

在解决我们观察到的情绪和情感问题时，我们可以把我们对人性的认知运用到实践中，因为情绪和情感是性格最明显的标志。我们必须把所有暴躁、易怒、刻薄的人都列为社会的敌人和生命的敌人。再次强调，他们对权力的追求是建立在自卑感之上的。一个意识到自己的力量的人，完全没有必要摆出一副咄咄逼人、张牙舞爪的架势。这一事实不容忽视。在愤怒的发作中，所有的自卑感和优越感都表现得淋漓尽致。这是一种以他人的不幸为代价来提高个人评价的低级伎俩。

如果说有什么东西在催化愤怒方面效果显著，我们最先想到的一定是酒精。酒精在引发愤怒方面当真是难逢敌手，只要很少一点酒精，就能燃起熊熊怒火。众所周知，酒精对人的影响极大，可以轻易让人摆脱文明的束缚。醉鬼大多言语粗鄙、行为荒诞，好像从未受过教育一样。这时，他连自己都控制不了，更不要说关心别人了。清醒的时候，人可以把自己的缺陷和对人类的敌意掩藏起来，可是一旦喝醉了酒，他的真面目就再也遮掩不住了。无法适应生活的人通常最容易被酒精俘获并最终嗜酒成性，因为酒精的麻痹可以使他们忘记现实的烦恼，为自己的失败寻找借口。

强烈的自卑感使孩子更喜欢用暴烈的手段来追求优越感，所以他们比大人更容易发脾气，一点小事就能惹得他们暴跳如雷。孩子把愤怒当成一种寻求认可的手段，因为他们遇到的每一个障碍，看起来都难以逾越，甚至不可逾越。

愤怒不仅会伤害别人，也会伤害自己，尤其是咒骂、发脾气也无法消解心里的怒火时。还有自杀，我们发现自杀一般有两种目的：一个是伤害自己的亲人或朋友；另一个是惩罚自己的失败。

悲伤

当一个人丧失了（或被剥夺了）某样东西而无法安慰自己时，就会感到悲伤。悲伤和其他情绪一样，是为了改善自身处境、补偿不快和无力感。从这个角度看，悲伤和愤怒的价值是一样的，区别只在于各自的起因和表达方式。和其他情绪一样，悲伤也有追求优越感的目的。人发怒是为了贬损对手，抬高自己，发怒的对象是敌人。悲伤实际上相当于精神战线的收缩，这是后续扩张的先决条件，在随后的扩张中，悲伤者实现了自己的个人提升和满足。悲伤和愤怒虽然表现方式不同，但有一点是一样的，它们都是一种宣泄，一种针对环境的心理活动。悲伤的人会抱怨，并通过抱怨使自己站到伙伴们的对立面。尽管悲伤是人的天性，但过度的悲伤则是对社会怀有敌意的表现。

悲伤的人通过别人的怜悯来获得优越感。看到身边的人陷入痛苦的悲伤之中，人们本能地就想要照料他、同情他、鼓励他、帮助他，他的处境就会由此得到改善，整个过程不难想象。眼泪使人心软，使人一次又一次成为悲伤之人的支持者。悲伤的人像法官一样控诉、审判当前的秩序，凌驾在所有人之上。他的地位越高，指控的方式就越直白、有效，于是，他的悲伤越发浓烈，成了一种让人无法拒绝的理由。悲伤之人靠着这个借口，把责任和义务强加给身边的人。

悲伤在以下两方面，可说是效果显著：一方面是以退为进，从软弱感走向优越感；另一方面是维护自身地位，逃避无力感和自卑感。

厌恶、恐惧和焦虑

厌恶显然是一种疏离性情感，只是没有其他情绪那么明显。恶心是一种生理现象，是胃壁受到刺激的结果，但是心理作用也能引起恶心和想要呕吐的感觉，我们说厌恶是疏离性情感，原因就在这里。

厌恶是一种抵触和嫌恶的姿态，与喜欢截然相反。它引发的表情，比如撇嘴、皱眉，代表的都是对环境的排斥和蔑视。很多人滥用这种情绪，把厌恶当成一种逃离不快处境的借口。引发恶心感是很容易的事，厌恶者只要感受到这种情绪，就可以果断离开社交场所。只要稍加训练，任何人都能学会激发恶心的技巧，如此一来，这种原本无害的情绪就成了一件危害社会的利器。人们可以借此逃离社会，且无往不利。

恐惧和焦虑在人类生活中十分重要，一定要引起大家的注意。因为它们不仅属于疏离性情感，还和悲伤一样，能使人与人的情感交流完全失衡，使一部分人承担所有的责任和压力。比如，孩子为了摆脱某种令人害怕的情境，最后几乎黏在了父母身上。焦虑这种情绪乍看毫无优越性可言，确实，它几乎是失败的代名词。处于焦虑状态的人，会竭尽所能地缩小自己的存在感，但是正因如此，焦虑的联合性和追求优越感的一面才显露出来。焦虑的人渴望找到一个庇护者，因为他们想在庇护中积蓄力量，获得重新迎战的能力。

焦虑是与生俱来的情绪，根深蒂固，难以撼动。所有生物都会被原始恐惧所支配，而焦虑正是原始恐惧的一种反映。人类渺小脆弱，几乎受不住任何伤害，所以恐惧的感觉格外强烈。刚刚出生的孩子就像一张白纸，没有任何人生经历和生活常识，想要存活下去，必须有他人的协助。他从进入生活的那一刻起，各种困难便纷至沓来，无处不在的生存危机使他产生了强烈的不安全感。他为补偿不安全感所做的一切努力，都可能会失败，于是，他产生了一种悲观的人生哲学。他的主要性格特征也变成了渴望外界的帮助和保护。他越是无法解决人生问题，就越是谨慎、封闭。就算被迫直面困难，他们也时刻准备着撤退。通常来说，一个时刻准备撤退的人，其最明显的性格特征就是焦虑。

我们可以在焦虑的表达方式中看到抗拒的倾向，这种情绪和模仿一样，既不会无所顾忌地向外扩张，也不会以直线的方式发展。极度焦虑的人，完全无法掩饰自己的心理活动。他们渴望得到他人的帮助，把对方捆在自己身边，这种情绪十分明显且不可控制。

在深入研究焦虑现象时，我们不由想到之前讨论焦虑这种性格特征时得出的一些结论：焦虑者希望别人时刻待在自己身边陪伴自己、帮助自己，这种帮助并不是双向的，更倾向于上下级或者主仆关系。事实证明，很多人终其一生都对某种认可充满渴求。独立精神的丧失——主要是因为很少接触社会，或者没有以正确的方式接触社会——是这些人如此渴求特权、如此暴力的重要原因。他们虽然十分渴望他人的陪伴，自己却没有多少社会感，把焦虑当成获得优越感的工具，通过焦虑来逃避人生的要求，支配身边的人。最后，他们的人际关系全都被这种疏离性情感支配了。在他们获得控制权的路上，这种情感成了他们最有力的武器。

疏离性情绪的滥用

说到情绪和情感的价值和意义，就不得不提到它们在战胜自卑、提升人格方面的巨大作用。在现实生活中，经常可以看到把情绪当作武器的情况。当孩子发现通过哭泣、吵闹、悲伤等情绪，可以轻易控制他人，摆脱被忽视的命运后，马上就学会了使用这些武器。他们会一用再用，并形成固定的行为模式——用他独有的情绪反应来解决人生问题。只要有需要，他就用这种办法来达成目标。但是，过度依赖情绪是一种恶习，有时候甚至会发展到病态的地步。

儿童时期有这种倾向的人，长大后很容易成为情绪的滥用者。因为他已经形成一种习惯：每次遭到拒绝，优越感受损，就挥舞着愤怒、悲伤等情绪进行反击。他游刃有余地控制自己的情绪，把情绪发泄当成一场得心应手的木偶戏。这种毫无价值、惹人厌恶的性格特征，扭曲了情绪的真正价值。有些人为了把自己的悲伤昭告天下，像演戏一样号啕大哭，却不知道他越是如此，人们越是觉得别扭和不快，因为演出来的悲伤，失去了触动人心的力量，看起来十分虚假做作。在现实生活中，我们经常能看到有些人以精湛的演技来显示悲伤。

滥用情绪也会造成一些生理上的影响。众所周知，愤怒对消化系统影响很大，有些人气过头了，甚至会吐出来，这种反应彻底暴露了人内心的敌意。悲伤会使人食不下咽、睡不安寝，日渐消瘦。所谓伤心欲绝，就是这个意思。

必须重视滥用情绪的情况，因为这会损害他人的社会感。亲人朋友的宽慰，会让悲伤者慢慢地从悲痛中走出来。但是，有些人则把别人的宽慰和同情当成获得优越感和价值感的资本，以至于从未想过放弃悲伤。因为这是他们获得认可的唯一办法。

愤怒和悲伤都能激起他人的同情心，然而，滥用这种情绪，不但无法建立起真正亲密的关系，还会使人与人之间的关系越来越疏远，属于疏离性情感。在某些时候，悲伤确实能起到黏合剂的作用，可是悲伤者一味索取，很快就会打破这种平衡。这种通过歪曲社会感才能实现的团结，很难长久保持。

第九讲

家庭对人生的影响

在孩子的成长期，心灵最重要的任务就是对环境进行评估，学会以最少的代价赢得最大的收获，为将来的生活做准备。当孩子看到大人轻松做到他做不到的事，比如开门关门、搬运重物、威严地对别人发号施令，他会非常羡慕；与此同时，他还发现大人细心照料他是因为他身体脆弱。孩子由此领悟到了控制他人的方法，并发展成两种性格倾向：一种是不断增强个人力量、学识、技巧，以获得他人的认可；另一种是竭尽所能展现自己的柔弱，以获得他人的照顾。

家庭——心灵和外界接触的第一站

每个孩子的成长都离不开社会的帮助。然而，这种帮助不是无条件的，世界在付出的同时也在索取，它一边为人们的生存提供条件，一边又要求人们适应社会生活。我们在层出不穷的挫折磨难中提升能力，但与此同时，也因失败的可能和阻碍过大而饱受折磨。

孩子在很小的时候就发现了这个事实——他永远不会成为最优秀的那个。每次他以为自己十分出众，就会发现很多更优秀、更能完美达成目标的人。严苛的环境要求孩子有能让生命正常运转的综合器官，心灵的产生就是为了满足这一诉求。在这段时间（孩子的成长期）内，心灵最重要的任务就是对环境进行评估，让孩子学会以最小的代价赢得最大的收获，为将来的生活做准备。

当孩子看到大人轻轻松松做到了他做不到的事，比如开门关门、搬运重物、威严地对别人发号施令，他会非常羡慕。他相信这种人力量大、威信高、身材好，体格健硕，希望自己长大以后，也能成为这样的人，并由此树立了一个重要的人生目标——控制环境，控制他人。与此同时，他还发现大人重视他、细心照顾他的一个重要原因，就是他身体脆弱。

孩子由此领悟到了控制他人的方法，并主要发展成两种性格倾向：一种是获得权力和力量，这是他从大人那里学到的行为方式；另一种是竭尽所能地展现自己的柔弱，让大人意识到，如果不小心照顾，他很容易就会遇到危险或不幸。一个人的性格在出生的头几年内就已开始成型。有些孩子把自己的发展方向设定为不断增强个人力量、学识、技巧，以获得别人的认可；有些孩子把自己的发展目标设定为极力展现自己的柔弱，以获得别人的帮助和照顾。所以，想要真正了解一个人的性格，必须弄清楚这个人儿时的生活态度和行为模式，以及这种性格类型是在什么环境下产生的。

每个孩子都会受到环境的影响。这里主要讨论那些对异常（有缺陷的）孩子表现出极大攻击性的环境。孩子的思想和观察力尚未成熟，过于不友好的环境会使他产生世界充满敌人的不良印象。除非以后的教育修正了这种错误认知，否则，他的心灵就会沿着这条歧路越走越远。这种错误观点会融入他的言行举止之中。困难越大，这种敌对的印象就越顽固难消。这种情况经常出现在那些有生理缺陷的孩子（比如腿脚不好或失明、失聪、体弱多病的）身上，他们对待环境的态度，跟健康的孩子截然不同。

对孩子来说，真实的世界非常危险。别说有生理缺陷的孩子，就是正常的孩子处在异常环境里，也会出现严重的心理问题。生理缺陷对孩子的影响，跟异常环境（向孩子提出不合理要求，或者以错误方式对待孩子的环境）对孩子的影响是一样的。比如，想要迅速适应环境的孩子在沮丧、消沉的环境中，很快就会觉得身心俱疲，因为消极的环境会让他的情绪也变得消极。当然，也有一些人的潜力和才能是通过困境的磨砺一点点挖掘出来的。这样看来，所谓健康成长，其实是修补缺陷的重塑过程。

毫无疑问，孩子的成长环境主要是由父母决定的。永远不要告诉一个孩子他有多笨、多可恶，因为孩子会把这些话当真，失去解决人生问题的勇气和自信。不自信的人，做事往往很难成功。他遭遇的失败越多，就越会对别人的否定评价深信不疑，觉得自己真的很笨，却不知道，是环境消磨掉了他的自信。受环境影响，他行动时会无意识地证实他人的偏见，就像要证明对方的评价有多么正确一样。孩子觉得自己没有别人优秀，既没有能力也没有潜力，潜意识里已经默认了前路的无望。这种心境的形成，显然和他所处环境直接相关，人的心境往往和所处的环境是一样的。

我们可以通过个体心理学来研究环境对人的影响。孩子身上的任何错误行为，都能在他所处的环境中找到诱因。如果父母太过勤劳，把孩子的事情全都处理好了，孩子就会变得懒惰、拖沓。如果父亲权威感太重，太过严厉，发现孩子的一点错处就严惩不贷，孩子还敢说真话吗？有些孩子喜欢吹牛，这种恶习也能在他所处的环境中找到推手：他们认为努力工作得来的成功，远不如得到他人的称赞有吸引力，自我超越的过程之所以甜美，是因为有亲人的认可和赞美。

请务必记住，我们的生活方式，其实在四五岁时就已经建立起来了，因此，在培养下一代时，一定要抓住这个时间点，全力培养孩子的社会感和适应社会的能力。5岁的孩子对自己所处的环境已经有足够的了解，在之后的发展中，他会按照既定的轨道朝着确定的目标一路前行。这时，他的统觉表也基本成型，以后无论发生什么事，都很难改变他对外界的看法了。他的视线只会集中在某些东西上，这已经成了一种固定的行为模式，他的思想和行为只会在这个模式内运转。一个人能看多远，归根究底，是由他社会感的发展水平决定的。

出生顺序的秘密

很少有父母能够平等地对待每个孩子，通常来说，每个孩子的家庭地位都不一样。长子或长女曾是家里唯一的孩子，所以他的地位，和其他孩子相比显得格外不同。第二个孩子永远不会体验到这种感觉。同样，最小的孩子在家庭中的地位和生活，也是其他孩子都无法享受和体会到的，有一段时间，他必须面对这样一个事实：家里每个人都比他强大。

每个孩子的处境都不一样。一个家里如果有两个男孩或女孩，那么在同样的问题面前，长子长女因为有经验或者身体条件更好，就比次子次女更能轻易解决这些问题。如此一来，次子次女就会感觉自己深受打击。为了补偿这种自卑心理，他们通常会更加努力以超过哥哥或姐姐。

儿童心理学家很容易就能判断一个孩子在家里到底处于怎样的位置。通常来说，大一些的孩子发展比较稳定，小一些的孩子为了赶上哥哥姐姐的脚步，会给自己不断施压，加速发展，所以小一些的孩子往往比哥哥姐姐更活泼、主动，甚至是强势、霸道。反过来，如果哥哥姐姐平庸一些，进步得慢一些，较小的孩子就不会铆足劲和他们竞争了。

所以，想要深入了解一个孩子，首先必须确定他在家里处于怎样的位置。在大多数情况下，我们只要观察一个孩子的言行举止，就能判断他是不是家里最小的那个。最小的孩子通常有这样的特点：想要超过每一个孩子，为此不断提高自己的感知和信念，并最终通过坚韧不拔的努力，取得比哥哥姐姐更大的成就。针对每个孩子的特殊情况，用不同的方式和方法加以教育，这一点很重要。要知道，每个孩子都是独立的个体，都有其与众不同的特点，教育方式当然也该各不相同。对孩子进行分类，把每个孩子当成独立的个体，这对学校或许很难，但对一个家庭就容易多了。

在观察家里最小的孩子时，特别需要注意的是，他们渴望得到他人的关注，总想超过其他孩子，成为最优秀的那一个，而且通常都能成功。这一点之所以重要，是因为它有力地驳斥了遗传说。很多家庭的幼子幼女都有类似的表现，再说这是遗传因素的结果，就有些强词夺理了。

当然，不是所有最小的孩子都像前面说的那样积极主动、活泼进取，还有一些家里最小的孩子，因为比其他孩子都小，变得拖沓懒散、自卑怯懦，甚至有些极端。这两种表现看起来天差地别，在心理学上却很容易解释。好胜心强的孩子，在遇到挫折和失败时，受到的打击也更大。出类拔萃的强烈渴望，使他们饱受煎熬。野心大的孩子，在遇到艰巨的任务时，通常比野心小的孩子更容易被吓退。有一句拉丁谚语是这么说的："要么大获全胜，要么一败涂地。"就是这个意思。

在《圣经》的某些篇章中，也能找到一些证据证明家里最小孩子的情况，比如约瑟、大卫和扫罗的故事。事实上，我们身边也有类似的情况。有些人也许会反驳说约瑟还有个弟弟，所以他并不是家里最小的孩子。但我要说的是，他弟弟出生时，他已经17岁了。他几乎是以独子的身份长到成年的。

生活中，经常能看到这样的情况：最后撑起了整个家的，是那个最小的孩子。这种情况不只发生在《圣经》里，神话故事里也有。几乎每一个神话故事都有这样的场景，在家里所有的孩子中，幼子最为优秀，发展最好。德国、俄罗斯、斯堪的纳维亚和中国的神话里，经常会把最小的孩子描绘成征服者。千万不要以为这些例子只是单纯的巧合。古人比现代人更多地描绘了这一现象，可能是因为在过去那种原始的环境里，这种情况更容易发生。

关于孩子由于家庭地位不同而形成了各种特征的情况，还有很多内容可写。事实上，不同家庭的长子也有很多共性，这些共性大体可以分成两类或者三类。

关于长子的情况，我们或许可从冯塔纳的自传中找到一些灵感。

冯塔纳在自传中说过这样一件事：他父亲是法国移民，参加过波俄战争，当时波兰以1万兵力将5万俄国兵打得落荒而逃，父亲很高兴，可是冯塔纳却认为，1万人不应该打败5万人，因为强者无论何时都应该是强者。看到这儿，我们可以断定冯塔纳是家里的长子。只有长子才会说出这样的话。

长子作为家里的独子时，拥有至高无上的地位，可是当弟弟妹妹出生，他的"皇位"就被弱者抢走了，这实在很不公平。通常来说，长子的性格更保守，他们规行矩步，推崇法律制度、秩序阶层。他们可以毫无愧疚地公开支持专制主义，对权力持肯定态度，因为他们当过掌权者。

在长子长女中也有例外的情况（前文说过），其中一种例外，尤其需要注意。直到今天，还有一些人觉得这个问题无关紧要，弟妹出生后，长子长女的处境往往会变差。我们经常在那些不知所措、灰心丧气的男孩子身上看到这一点，对他们来说，所有的麻烦都是聪明的弟弟或妹妹造成的。我们有充足的证据可以证明，这种情况频频发生是必然的。

男权思想对性格的影响

重男轻女是这个时代的普遍现象。如果头一个孩子是男孩，父母一定会非常宠爱他，把全部的希望都寄托在他身上。他一直都被照料得很好，但妹妹出生后，他的处境便发生了一些变化。对哥哥来说，妹妹是个惹人讨厌的闯入者，他要和她争夺父母的宠爱。这种处境会让妹妹付出比普通孩子更大的努力，如果她能一直勇敢地努力下去，这种刺激会影响她的一生。哥哥看到妹妹如此努力，进步这么快，会受到很大惊吓。他一直以为男性比女性更优越，现在这个神话被打破了，他觉得害怕和焦躁。女孩的青春期比男孩早，十四五岁就已经是个成熟的大姑娘了。哥哥看到这种情况，心里会越发不安，甚至会对自己完全丧失信心，以后遇到任何困难，都无法信心满满地努力奋斗了，他甚至会无意识地给自己制造苦难，还没开始行动，就为失败找好了借口。所以，很多长子都变得敏感和不知所措。可是，人们并不知道他们为什么会变得这样懒散。其实是妹妹

第九讲
家庭对人生的影响

的优秀，使他们丧失了与之竞争的勇气，自暴自弃了。

这样的男孩有时会极端仇视女性。他们不知道该怎么办，也没人能理解他们的处境，这真是太糟糕了。更可怕的是，有些父母会毫无掩饰地对孩子说："怎么回事，两个孩子是生反了吗？怎么哥哥像个女孩，妹妹倒像男孩呢？"

这种情况，也会发生在家里有很多姐妹但没有兄弟的男孩身上。女孩较多的家庭，会形成一种以女性为主的生活氛围，男孩子在这样的家庭里，不是成为家里的核心，备受宠爱，就是被边缘化，受尽排斥。当然，不同的处境对孩子有不同的影响，但他们也有一些共同特征。人们普遍认为男孩不能完全交给女性抚养。需要注意的是，这种观念不能只从字面上理解。说到底，男孩最初都是由女性抚养起来的。这种观念的真正含义是：男孩的成长环境里不能只有女性。这种言论并非故意针对女性，只是因为男孩在这种环境里容易产生一些错误的认知。女孩如果生活在只有男人的环境里，也会出现这种情况。

男孩经常瞧不起女孩。为了获得和男孩一样的地位，女孩会模仿男孩的行为，但这种做法，会使她难以适应将来的生活。

胸怀再宽广的人，也不会接受这种观点：应该用教育男孩的方式来教育女孩。这种做法在短时间内或许行得通，但很快，男女之间某些无法回避的本质差异就会显现出来。生活中，男性的身体构造决定了他们可以做一些女人做不到的事。在选择工作时，尤其需要注意这一点。渴望成为男人的女孩，适应不了那些专为女性准备的工作。但是，她只要和人结婚，就必须承担生儿育女、教养孩子的工作。在这方面，男人和女人的关注点、着眼点也不相同，男人往往更关心后代未来的发展。此外，这种女孩仇视婚姻生活，把结婚嫁人当成一种屈辱。就算真的结了婚，也会想方设法成为家里的掌权者。被当成女孩来教育的男孩也会遇到这样的问题，很难适应现在的文化形态。

调皮的秘密

有一位母亲说过，她 5 岁的孩子非常难管，很是淘气，每天晚上都不肯好好睡觉。她把时间都花在了孩子身上，可那孩子一刻都不肯消停。她恨不得把孩子扔出窗外，实在是受不了了，筋疲力尽，苦恼得要死。

我们可以通过一些细节来了解这个孩子，也可以把自己放在 5 岁孩子的位置上进行思考。这个孩子只有 5 岁，非常调皮，他平时会做些什么呢？拿着脏东西玩；穿大人的鞋往桌子上爬；在母亲看书时，不停地开灯关灯；母亲若是想弹琴唱歌，他就说声音太吵，捂着耳朵大声尖叫；母亲想要休息睡觉，他就上蹿下跳，制造噪音，捏母亲的脸和鼻子；如果想要什么东西父母不同意，他就撒泼打滚、又哭又叫，逼父母同意。

这些行为如果发生在幼儿园里，那他肯定是在搞事情，想跟其他小朋友打架。可是，他在父母面前做这样的事，从早到晚没完没了地折腾，就是想引起父母的注意了。父母总是和别人不一样的，他希望他们能把全部注意力都放在他身上，为此，不停地调皮捣蛋。对自己不喜欢的事，他会不知疲倦地反抗到底。

第九讲
家庭对人生的影响

孩子在这个时候，就已经有了引起他人注意的意识。有个例子刚好可以证明这一点。有一天，父母有音乐演出，把孩子也带到了演出现场。表演刚进行到一半，这个孩子忽然冲到舞台下面，围着舞台大喊"爸爸"。很多人（包括孩子的父母）虽然不知道孩子为什么要这么做，也觉得他的行为是正常的、可以理解的。

从某种意义上讲，孩子的行为确实是合理的，完全符合他自己的人生目标。他很聪明，每一步都在朝那个目标不断迈进。如果我们知道他的目标，就不会对他的行为大惊小怪了。没有坚韧不拔的毅力，他的目标恐怕很难达成，所以说，他是一个很有毅力的人。

每次他母亲准备晚宴，家里来了客人，他都能猜到客人准备坐哪儿，然后先一步坐在那里。如果客人已经落座，他也有办法让对方把椅子让出来。由此可知，他完全是按照自己人生目标行动的。至于他的人生目标，当然是吸引父母的注意力，控制和超越他人。

我们可以肯定地说，他这样调皮是因为父母忽然不再像过去那样宠爱他了。至于他为什么会失宠，原因很简单，他刚刚有了一个弟弟。在5岁的时候，他的生活环境忽然发生了变化，他感到自己的地位受到了威胁。为了留住母亲的注意力，他付出了极大的努力。父母过度的宠爱，阻碍了他的社会感和群体意识的形成，这也是他对父母的关注如此执着的一个重要原因。他的得失心太重，很难适应新的环境。他对别人漠不关心，只关心自己。我们问那位母亲，这个孩子和弟弟相处得怎么样。

她说孩子很喜欢弟弟，只是玩闹时有些粗心，时常把弟弟推倒。我们却不认为他推倒弟弟只是出于不小心。

母亲说哥哥和弟弟并不经常打架。想要了解他行为背后的意义，必须把他们的行为跟攻击性强的孩子的行为加以比较。孩子其实很聪明，知道父母不喜欢他们打架，所以争斗的情况也是越少越好。但是，和弟弟玩的时候，他还是把弟弟推倒了，这说明他平时只是在压抑自己打倒弟弟的冲动。

在他犯错遭到母亲的处罚时，如果母亲打得很轻，他就会笑嘻嘻地喊："不疼，不疼。"如果母亲打得重了，他会安静一段时间，但很快又会故态复萌。他的一举一动都围绕着一个特定的目标。记住，只要目标是确定的，行为就可以预测。反过来，如果目标不明，行为也就无法预测。

学校是家庭的延伸

还是以上面那个 5 岁的孩子为例，想象一下，他在生活中会有怎样的表现？他去了幼儿园，会怎么做？应该和去音乐厅时差不多吧！在熟悉的环境中，他想成为控制者，在艰难的新环境里，他会尝试成为惹人注意的焦点。如果幼儿园的老师很凶，他一定会想办法离开那里。他选择逃避。每天都很焦虑，这种焦虑使他心浮气躁、头痛欲裂。这种情况发展到最后，甚至会变成神经症。

轻松愉悦的环境，使他有一种万众瞩目的感觉。这时，他会是一个成功者,学校里的风云人物。

孩子在幼儿园里也要面对一些社交问题,每个孩子都要做好遵循群体规则的准备,只有这样才能解决那些问题。一定要培养孩子为这个小群体做贡献的意识,让他们把注意力更多地放在别人而非自己身上,只有这样,孩子的生存价值才能得到肯定。

公立学校的环境和幼儿园差不多,所以我们很容易就能想到这种孩子在公立学校里的情况。与之相比,私立学校由于学生少,每个人都能得到老师的细心照料,处境也会好一些。在这样的环境里,问题儿童是"不存在"的,学校甚至会把他们当成最优秀的学生,大肆表扬。他在家里也会表现得很好,在班里也是领军人物。任何过人之处都能使他感到满足。

如果有个孩子上学后一改往日顽劣的习性,毫无疑问,他一定是在学校找到了优越感,这种优越感也许会保持到工作中。不过更多的时候,我们遇到的是另一种情况:孩子在家里乖巧听话,到了学校就成了混世魔王。

学校位于家庭和社会之间,是学生走向社会的桥梁。需要注意的是,学校可以为这个孩子提供有利的环境,社会却未必会提供。有些孩子在家里、在学校里都表现得十分优秀,可是在社会生活和工作中却碌碌无为。很多人都不明白这是怎么回事。有些有神经症的孩子进入社会后,病情恶化,最后成了精神病患者。未成年时,有利环境遮掩了他们的本性,但这意味着没有人能真正理解他们,帮助他们修正自己的缺陷和问题。

在有利环境下辨别错误本性,并不是一件容易的事,但这是我们必须学会的一项技能，至少也要能发现它的存在。在有利环境中，孩子身上的错误本性主要表现为：邋遢、懒散，对社会不感兴趣，却想成为受人瞩目的焦点。为了引人注意，他会想方设法给人找麻烦，浪费别人的时间，晚上哭闹不休，不肯睡觉，尿床。当他发现别人因他的焦躁而妥协、退让时，就把焦躁当成一种有效的手段，并为此强化焦躁情绪。知道这些表现，可以降低我们发现错误本性的难度。

母亲——孩子与社会连接的桥梁

将母亲的技巧传授给女孩

从出生那一刻起，孩子行为的目标都是和母亲建立联结。在一开始那几个月，母亲在孩子的生命中扮演着至关重要的角色，因为他事事都要依靠母亲。他最初的合作能力就是在这种情况下发展起来的。母亲是他接触到的第一个人，也是他除了自己之外，第一个感兴趣的人。母亲就像一座连接他和社会生活的桥梁。如果一个婴儿无法和母亲，或者母亲的替代者建立关系，那他只有死路一条。

这种联结非常紧密且影响深远。孩子从遗传中得到的元素经过母亲一系列的修正、教导，全都有了翻天覆地的变化，以至于我们再也分辨不出他的哪些特征是遗传的影响。母亲（和孩子建立合作关系，让孩子和她建立合作关系的）高超或粗劣的技巧，对孩子的潜能影响极大。这种能力的传承没有固定模板。

母亲必须在层出不穷的状况中，了解自己的孩子，体察他的情感和需要，竭尽所能地维护孩子的利益。只有这样，母亲才能真正掌握这些技巧。

母亲的态度体现在她的一举一动之中。当她抱起孩子走路、轻摇，和孩子说话，给孩子洗澡、喂奶，这全都是和孩子建立关系的过程。一个没有足够的责任感、对孩子不感兴趣的母亲会细心温柔地照料孩子吗？她的笨拙和粗暴只能引起孩子的排斥和抗拒。如果母亲不知道该怎样给婴儿洗澡，对孩子来说，洗澡的过程一定备受折磨。在这种情况下，孩子不会想和母亲建立亲密关系，只想立即逃走。在和孩子相处时，母亲一定要学会快速地哄孩子入睡，表情、动作也都是有技巧的。照顾孩子的时候，和孩子面对面的时候，一定要考虑到孩子所在的整体环境，比如空气、温度、湿度、睡眠时间、生理习惯和卫生情况等。每个细节都是关键，每时每刻，母亲都能使孩子喜欢或者讨厌，激发或者打消孩子合作的意愿。

母亲的任何技巧都是兴趣和学习的结果，没有任何捷径可走。不要以为这种学习是在她成为母亲之后才开始的，事实上，在她很小的时候，在她对小孩或婴儿产生兴趣的时候，这种学习就已经拉开了帷幕。男孩和女孩原本就应该接受不同的教育，让大家对将来的社会职责和职业定位有一定的心理预期，或者说是符合主流文化的心理预期。我们要让女孩学习母亲的技巧，让她对成为一个母亲有所期待，将照料婴儿当成一种富有创造性的工作，这样她才不会在成为母亲时排斥这一角色，才能成为技巧纯熟的高明的母亲。

性别歧视使女孩排斥母亲的角色

可惜在我们的文化中,母亲的地位并不受尊重,重男轻女的情况十分普遍。如果女人在社会上的地位天然就比男人低,哪个女孩还会对母亲这份工作感兴趣呢?没有人喜欢屈居人下。这样的女孩结婚后,在生育子女前,总会用各种方式来表达自己的不满。她们不想生孩子,也不想抚养照料孩子,对他们来说,养育儿女并不是一种有趣的、充满创造性的活动。这几乎是当今社会最为严重的问题,却没能引起大家的关注。

女性如何看待母亲这一角色,决定了整个人类社会的发展方向。可是,几乎所有地方的女人在男人面前都像是二等公民。我们发现,男人甚至在很小的时候就把家务当成一种下人才会做的工作。对他们来说,即使偶尔帮个忙,都像是人格受到了侮辱。很多男人把做家务当成女人的先天职责,而非她们所做的贡献。

如果女人能把家务劳动和家庭经营当成一种真正的艺术,培养自己的经营兴趣,相信这些工作可以使她和家人的生活更加丰富多彩,她自然就能把家务劳动变成一种不逊于世间任何职业的工作。但是,如果世人普遍认为家务是一种男人不屑去做的下等活计,还有哪个女人会欣然接受这种工作呢?所以,几乎所有女人都讨厌家务劳动,都在想方设法证明男女平等这一本来显而易见、理所当然的事实。女人应该和男人拥有平等的开发自身潜能的机会。社会感对潜能的开发有巨大影响,它可以帮助人们摆脱外界的一切束缚和阻挠,沿着正确的道路

第九讲
家庭对人生的影响

一往无前。

对女性的歧视,会使家庭生活陷入重重矛盾之中。想象一下,如果母亲不喜欢自己的孩子,对他完全不感兴趣。她如何能够全情投入地去关爱照料孩子、了解孩子,对其进行正确的教育和引导?但是这些都是婴儿生命之初最需要的东西。女人如果对自己的角色感到不满,她一定会想方设法证明自己,这时孩子在她眼里就变成了一种负担。她的目标和孩子的目标背道而驰。一些生活失败的案例告诉我们,很多悲剧的起点,都是母亲没有充分履行自己的职责,没有给孩子一个快乐的童年。如果女人不喜欢母亲这个角色,也不喜欢小孩,一定会危及整个人类。

不要把失败归咎于母亲,这里没有所谓的对错。她们可能小时候没有学过做母亲的技巧,没有受过合作训练,也有可能是婚姻生活使她备受煎熬。想要把家庭生活经营得尽善尽美,并不容易,会遇到很多阻碍。比如母亲身体不好,无法照料孩子;比如母亲工作很忙,无力照顾孩子;比如家里的财务状况很糟,孩子的衣食住行都很困难。对孩子的行为有决定性影响的,不是他们经历了什么,而是他们从中领悟到了什么。顽劣的孩子和母亲之间的问题,乖巧孩子和他的母亲可能也会遇到。个体心理学认为,孩子性格特征的发展没有固定的原因,但他们会根据过去的经历来达成现实的目标,并以此来树立自己的世界观和价值观。比如,我们不能说一个总是吃不饱饭的孩子,将来一定会犯罪,那太武断了,关键还是他从过去的经历中得出了什么样的结论,建立了什么样的价值观。

如果女人排斥自己的女性角色，她在现实生活中的道路一定很难走，她的精神状态总是很紧张。众所周知，母性的本能是十分强大的，保护孩子的本能超越了女人所有的天性。即使是动物（比如老鼠、猿猴），也有强烈的母性本能，这种力量超越了对性和食物的渴望。如果让母亲在以上事物中选择一个，她一定会选择自己的孩子。这种本能的基础不是性，而是合作。

很多母亲都把孩子当成自己身体的一部分。认为有了孩子，自己才是完整的，觉得孩子赋予了自己控制生死的力量。每一位母亲多多少少都会把孩子当成自己的作品，她甚至认为自己和上帝一样，都是生命的创造者。提升为母技巧，可以让母亲获得更高的优越感，让她愈发觉得自己如同神明。这一点足以证明，社会感在引导人通过合作获得优越感和促进人类社会发展等方面发挥了巨大作用。

和孩子建立亲密关系，然后把这种关系扩展出去

每个母亲都觉得孩子是身体的一部分，但有些母亲会放大这种感觉，向孩子提出种种要求，以满足自己的优越感。她想要把孩子绑在自己身边，控制孩子的人生，成为他人生的主宰。这种情况在生活中并不少见。

有个老太太70多岁了，她的儿子50岁了还和她住在一起。后来母子俩同时得了急性肺炎，被人送进医院。母亲熬了过来，儿子却死掉了。对于儿子的死亡，这位母亲是这样说的："我就知道，我没办法把他抚养长大。"她从未想过要让儿子步入社会，而是想要照顾他一辈子。这个例子告诉我们，如果一个女人不能将自己和孩子的合作关系扩展到社会,让孩子以平等的心态和他人建立关系、展开合作,那她作为母亲一定是失败的。

母亲不该过分强调孩子和自己的关系,这对双方都没有好处,因为每个人和世界的联系都不是唯一的,也不该是唯一的。如果过分强调某个关系,就会忽略其他关系。最后,这个被给予了特殊关注的关系,也没能得到很好的处理。母亲除了和孩子有联系,还和自己的丈夫、和这个世界有联系。她必须以冷静的态度,同等看待这三种联系。

母亲如果想让孩子有较强的独立性和协作能力,就不要让孩子成为视线的焦点,以免自己不由自主地宠坏孩子。和孩子建立起亲密的关系后,母亲的首要任务是将这种亲密关系扩展开去,让孩子对父亲和别人产生兴趣。如果母亲自己就对父亲不感兴趣,那么她的引导工作多半不能成功。之后,母亲还要引导孩子对社会的兴趣,让孩子多和其他孩子、亲人接触,甚至和陌生人接触。也就是说,肩负重任的母亲首先要和孩子建立亲密关系,赢得孩子的信任,之后,要做好准备,将这种信任和亲密扩展到社会生活的方方面面。

如果母亲只想让孩子对她自己产生兴趣,那么以后任何能引起孩子兴趣的东西,都会遭到她的排斥和隔离。如果孩子只把注意力放在母亲身上,那一切能引起母亲兴趣的东西,都将成为孩子的敌人。为了维护自己的利益,他不允许母亲关心别人,不管是他的父亲还是其他兄弟姐妹。他心里形成了这样的观念:"妈妈完全是我一个人的,只属于我。"

很多心理学家对于这种现象都有误解,比如弗洛伊德学派关于俄狄浦斯情结的阐述，认为孩子有恋母倾向，想和母亲结婚，仇视父亲，甚至想杀掉父亲。如果真正了解孩子心理发展的过程，就不会得出这样的结论。

对于俄狄浦斯情结，我们的理解是，孩子希望母亲只关注他，把全部注意力都放在他身上，他想控制母亲，让母亲成为他的仆人。俄狄浦斯情结与性无关，只出现在那些被母亲宠坏了的孩子身上。这样的孩子只愿意（或者说只能）和母亲建立合作关系，甚至在婚恋问题上，也优先考虑母亲——当然这是极少数的情况——因为他很清楚，除了母亲，再没有人能这样关心爱护、听命于他了。所以，俄狄浦斯情结的诱因，不是遗传、性欲、乱伦欲望，而是教育失误。

一直以母亲为视线焦点的孩子，很难适应没有母亲的环境。这样的孩子，即使在公园、学校或其他孩子身边，也是一心只想和母亲建立关系。他希望母亲能永远和他在一起，只关心他。他会想尽一切办法来讨好母亲、留住母亲。为了让母亲怜惜他，他总是尽可能地展现自己的柔弱。他经常生病、哭泣，证明自己需要母亲的照顾。为了引起母亲的注意，他会故意做错事，惹母亲生气。我们发现很多问题儿童其实都是被母亲宠坏了。他们千方百计吸引母亲的注意，同时又对外界的条条框框十分抵触。

要怎么做才能引起母亲的注意？孩子很容易就能找到这个问题的答案。被宠坏的孩子希望母亲时刻陪在自己身边，在黑暗的环境中尤其如此。但他们这么做，并不是真的怕黑，只是想让母亲关心他。有个孩子在黑暗中号啕大哭，母亲过来问他怎么回事，他说他怕黑。母亲说："我又不是灯，我过来又有什么用呢？"是啊，他除了怕黑，还害怕母亲不在他身边。

母亲一走，他就喊叫哭泣或用其他方法强迫母亲回到他身边。教育学家和普通心理学研究的是恐惧心理的起因，个体心理学研究的却是恐惧心理的目标。被宠坏的孩子把恐惧当成引人注意的手段，以此来和母亲建立长久的亲密关系。所以，胆小的孩子，大多曾经深受宠爱，并希望这种宠爱能一直保持下去。

很多人以为母亲对孩子的错误引导，可以被幼儿园的老师或其他教育机构的师资人员纠正过来，这种想法未免有些想当然。无论何时，只要我们想要找一个人来替代母亲的角色、承担母亲的职责，就必须明白这一点：这个人必须像真正的母亲那样对孩子充满兴趣，能引起孩子的兴趣，获得孩子的信任。有哪个幼儿园老师能像母亲那样喜爱一个孩子呢？

在孤儿院长大的孩子，大多比较孤僻，对外界和他人缺乏兴趣，这跟母亲角色缺失，或者没人能像母亲那样和他们建立亲密的联系，引导他们将这种联系扩展出去，有很大关系。有人对孤儿院里的孩子做过一个实验，指派专门的护士、修女照顾这些孩子，让某个家庭收养这些孩子，对他们进行特殊照顾。总之，是给了这些孩子一个类似母亲的人。事实证明，有人照料的孤儿发展得更好。所以对孤儿来说，最好的帮助就是给他们一个家，让他们感受到家庭的温暖。如果孩子失去了父母，一定要尽快为他们找好父母的替代者。很多问题儿童都是孤儿、非婚生子、离婚家庭的孩子，这进一步证明了母亲的关爱和亲情的重要性。

众所周知，后母不好当。为什么？因为孩子失去亲生母亲后，对忽然出现的后母十分排斥。其实这个问题很好解决，现实生活中有不少好继母。通常来说，母亲死后，孩子会和父亲建立起亲密的关系。这时，忽然有另一个人加入，引起了父亲的兴趣，孩子自然会把她当成瓜分父亲宠爱的闯入者。对于孩子的敌视，后母越是斤斤计较、寸土不让，就越会激起孩子的控制欲和战斗欲。没有人能在直接冲突中打败孩子，强迫他们与自己建立合作关系。这时，后母能做的只是妥协和关爱。不要对孩子提出过多的要求，你越是强求，他们越要反抗。当我们明白合作和爱无法通过暴力来获得，世界就不会有那么多无谓的争端了。

父亲对孩子的影响稍晚

在家庭生活中，父亲扮演的角色和母亲同样重要。父亲通常不会像母亲那样很早就和孩子建立起亲密的关系，并对其产生影响。如前所述，如果率先赢得孩子信任的母亲没有引导孩子留意父亲，对父亲产生兴趣，孩子社会感的发展就会受阻。如果父母关系不好，也会影响孩子的健康成长。母亲和丈夫的关系越疏离，就越想让孩子只属于自己。为了维护自己的利益，父母甚至会把孩子当成打败对方的武器，都想把孩子留在自己身边。

发现父母矛盾重重，都想赢得自己的欢心，孩子有可能会想办法激化父母的矛盾,让这种竞争持续下去。父母自己都没能建立起良好的合作关系,你能期待在这种环境中长大的孩子有很好的合作精神吗?这样的父母自然无法让孩子学会高明的合作技巧。除此之外,父母的婚姻关系给孩子留下了关于伴侣和婚姻的第一印象。父母的婚姻不愉快,会使孩子对婚姻持悲观态度。如果这种印象没有尽快矫正过来,那么孩子长大后,将会对幸福的婚姻没有期待,他会尽可能远离异性,既不付出爱,也不愿意被爱。不和谐的家庭环境会严重影响孩子社会感的发展,使孩子难以融入社会。婚姻需要两个人齐心合力共同经营,他们要为伴侣的幸福努力、为孩子的幸福努力,与此同时,还要兼顾社会利益,关系不好的夫妻是绝对做不到这一点的。

婚姻其实是一种平等的合作关系,千万不要想着控制你的伴侣。真正和谐的家庭生活,绝不会有一个权威性的专制人物。如果全家人都要对某位成员俯首帖耳,那就太糟糕了。如果父亲暴躁易怒,总想控制家人,以父亲为榜样的儿子对男性的认知就会产生偏差,女儿也会受到伤害。女儿以后会把每个男人都当成专横的独裁者,认为婚姻总是伴随着屈辱和压迫。有些女孩为了逃避男性,甚至会选择其他女孩作为伴侣。

反过来,如果母亲专横跋扈,总想控制家人,那以母亲为榜样的女儿也会变成一个霸道尖刻的人,儿子则会受到伤害,变得战战兢兢,时刻准备接受指责和批评。有时,专横的不只是母亲,还有姐姐和阿姨姑姑们。过多的批评把儿子变得怯懦胆小,他不敢加入社交圈,想要避开一切社交活动和一切异性。一个人再厌恶批评,也不该把全部精力都用在避免批评上,因为那会严重影响他的正常生活。男孩若是养成了这样的习惯，并以此来面对人生问题，总想着自己是征服者还是被征服者，就会失去正常交友的能力，他时时刻刻都以征服他人为己任，自然不明白友谊的真谛。

与妻子、子女、社会建立起良好的合作关系，这是父亲天然的使命。他必须掌握好爱情、友情、工作之间的关系，使三者均衡发展。他应该是一个正直的、有责任心的人。在照顾和保护自己的家庭时，他要和妻子平等协作，尊重妻子在家庭中的地位。值得注意的是，有些男人自以为是家里的经济支柱，就摆出一副高高在上的施舍姿态，这不是父亲该做的事。和谐的家庭必须有明确的分工，每个家庭成员都有自己分内的工作，承担家庭支出，就是父亲的工作。很多男人因为自己是家里的经济支柱，就想统治全家人，却不知道家庭最容不得的就是专制统治，每个家人都应该是平等的。我们的文化给了男性较高的地位，这使很多女性在进入婚姻生活时都带着一些恐惧，担心自己受到操控，担心自己处于劣势，所以每个丈夫都该明白，如果他太重视自己的权威，就会激起妻子的恐惧心和反抗的欲望。因为自己是家里主要的经济来源就看不起妻子，这是糟糕的做法。事实上，一个真正和谐平等的家庭，根本不会计较是谁外出赚钱。

父亲对孩子影响巨大，有些孩子把父亲当榜样，有些孩子把父亲当敌人。众所周知，体罚会给孩子带来很大的伤害，可是很多父亲都承担着对孩子施行体罚的责任。我们必须明白，任何含有暴力成分的教育都是错误的。在我们的文化中，有这样一种观念，母亲应该是温和的，父亲应该是严厉的，所以很多母亲只要孩子一犯错，就跟他说："等你爸爸回来收拾你。"这样的话会使孩子觉得父亲才是家里的权威，也会无形中损害孩子和父亲的关系，有哪个孩子会喜欢经常惩罚自己的可怕的父亲，把他当成朋友呢？还有一些女人不亲自惩罚孩子，是怕孩子以后会疏远自己，就把这个工作推给了父亲。但这并不是一个好办法。对孩子来说，母亲虽未动手，却是父亲的帮凶，根本不值得谅解。很多母亲利用孩子对父亲的畏惧来恐吓孩子。想象一下，这些孩子会如何看待父亲这一角色呢？

好的父亲应该以积极的态度处理人生问题，看起来和蔼可亲，得到全家人的喜爱。父亲应该把家庭视为社会生活的重要环节，把社会感从家庭扩展到社会，如此，他才不会有孤立无援、茫然无措的感觉。家人也会像他一样，和社会建立起良好的合作关系。如果丈夫和妻子的社交圈毫无交集，也是一件很危险的事，我们应该尽量减少友情对家庭关系的不利影响。当然，这不是说妻子和丈夫应该时刻黏在一起，形影不离，而是说，友情不该成为夫妻情感的阻碍。比如，丈夫从未把自己的朋友介绍给妻子认识，就很容易出问题，因为这样一来，丈夫很容易把生活重心放在家庭以外的地方。在孩子的成长过程中，我们必须让他们明白，家庭是社会的一部分。在家庭之外，我们还需要结交一些值得信赖的朋友。

如果想成为孩子建立良好合作关系的典范，父亲自己就要先和父母兄弟、姐妹亲人友好相处。当然，他必须离开父母的家，独立生活，但这种离开不是断绝关系。如此，孩子也会明白，虽然以后会离开父母，建立新的家庭，但亲缘关系无法断绝。有些年轻人结婚后，仍对父母十分留恋，每次提到家，指的不是现在的家，而是父母的家。把父母当成家庭核心的人，无法建立真正属于自己的家。这个问题和每个人的合作能力都有很大的关系。

生活中普遍存在这种现象：男方的父母对儿子的家庭生活过分关注，给新建立的小家庭制造了很多不必要的麻烦。他的妻子会觉得公公婆婆不尊重自己，对自己的生活指手画脚，并为此恼怒不已。违背男方父母意愿的婚姻，尤其会遇到这种情况。无论父母之前的阻止是对是错，孩子结婚后，他们也只有一条路可走，就是真心祝愿孩子婚姻生活美满幸福。对于妻子和父母的争端，丈夫应该知道问题的症结在哪儿，但也不必过于懊恼。在这个时候，他必须对妻子抱有极大的宽容，坚信父母的反对是错的，想办法让父母接受妻子，让妻子更好地融入他的生活。夫妻没有必要按照父母的期望生活，当然，能得到父母的支持，矛盾也会少一些。

很多人都认为一个合格的父亲必须有解决工作问题的能力。他要磨炼自己的技能，承担养家糊口的重任。妻子儿女或许可以为父亲分担一部分经济压力，但在传统思想中，父亲从来都是家庭最主要的经济来源。一个优秀的男人必须有事业心和进取心，他要精通自己的工作，能在专业领域内和人建立良好的合作关系。子女对工作的态度在很大程度上是受到了父亲的影响，所以父亲一定要找一份有价值的、对社会有益的工作。如果这份工作更多的是对社会有益，对他自己却没有多大好处（有些父亲从赚钱的角度来看待自己的工作,所以会这样想),那也无关紧要。作为一个利己主义者,这或许不是什么好事,但只要他的工作对公众有益就行了。

合作式家庭,最有利于孩子成长

男人想要建立和谐美满的家庭,首要原则就是爱自己的妻子。一个人是否关心爱护另一个人,很容易就能看出来。有一句话叫爱屋及乌,事实正是如此,如果丈夫真的爱自己的妻子,他就会爱上妻子的一切,会把妻子的幸福当成自己的人生追求。判断一对夫妻是否相爱,除了显而易见又难以捉摸的情绪,夫妻关系是否融洽也是一个重要的评判标准。好的丈夫会创造温馨的家庭环境,想方设法让妻子感到快乐,并以此为乐。只有夫妻双方都认为家庭幸福高于个人幸福时,真正平等、融洽的合作关系才能建立起来。这样的夫妻通常关心对方更胜过关心自己。

丈夫最好不要在孩子面前过分表露自己对妻子的爱。夫妻之间的爱情和父母子女之间的亲情既无法互相取代,也不该互相干扰和竞争。父母太过亲密,有时会使孩子觉得不受重视,甚至会为了保住自己的地位而挑拨父母的关系。

性在夫妻之间的重要性是众所周知的。父母有责任对子女进行性教育,但是一定要把握好传递知识的方式方法和尺度时机。简单来说,我们告诉孩子的,应该是他想知道的和能够理解的内容。现在有一种不太合时宜的倾向,就是告诉孩子太多超出他们理解范围的事情,这有可能在孩子的心理和身体还没有做好相应的准备时,就激发他们对性的好奇心。有些孩子因此把性当成一件很随便或无关紧要的事。现代社会知无不言的开放,并不比过去保守的避而不谈更加高明。我们不能把自己认为正确的事强行灌输给孩子,必须找到他们心里真正的疑问和兴趣点,然后实事求是地解答,赢得孩子的信任,激发他们的合作热情,帮助孩子找到解决问题的方法,这才是我们该做的事。只有这样,我们才能沿着正确的方向做事。很多父母担心性对孩子产生不良影响,于是从不和孩子谈性,对一切与性有关的恶劣故事严防死守。可是,孩子如果真的受到了良好的合作训练,就能明辨是非,不受外界影响。事实上,受到正确引导的孩子在这种事上通常十分谨慎。

和母亲相比,父亲往往会更加深入地参与社会生活,对社会制度、道德标准的规则和优劣也有更加清楚的认知,所以在家庭中,这方面的教育工作应该由父亲来承担。他要像朋友一样,提出一些有参考性的意见,千万不要把自己当成传道授业的老师,说些冠冕堂皇的话。

在家庭生活中,不应该过分强调金钱的价值,尤其是为钱发生争执。在传统文化中,女性一般无须承担赚钱养家的责任,或许正是因为这样,女人对家产的敏感度总是比男人更高。她们很怕别人说自己奢侈浪费、不会持家。我们最好在家庭可以承受的范围内,以合作的方式解决经济问题。妻子和孩子在提出物质要求时,必须考虑到父亲的承受能力。为了保护全家人的共同利益，家庭从一开始就应该商量好开支计划，这样大家就不会觉得自己或是受了委屈或是要依靠他人生活了。

有些父亲把自己当成孩子未来经济保障的唯一贡献者，这种观点无疑是错误的。有个美国人写了一本小说，很有意思，说是有个白手起家的富翁为了让子孙后代不再吃苦受累、饱受贫穷困扰，找到一位大律师，请他想一个办法。律师问他："你想保护到多少代的子孙？"富翁说："十代。"律师说："以你的财富，完全可以做到这一点，只是你要知道，你每一位第十代后人向上追溯，都有五百多位先祖。你只是这五百多人中的一个，五百多人都认为他是自己的后代，你真觉得他还是你的后代吗？"

所以说，我们为后世子孙做的任何事，其实都是为整个社会做的，没有人能避开和他人的联系。

没有权威的家庭才能出现真正的合作关系。父母要共同探讨子女的教育问题，达成共识后，再展开行动。不管是父亲还是母亲，都要公平地对待每一个子女，这一点很重要。因为偏心会严重影响孩子的自信心。有时，偏心只是孩子的一种错觉，但如果父母能公平地对待每个孩子，这种错觉就不会生根发芽、发展壮大。在重男轻女的大环境下，几乎每个女孩都有自卑心理。如果父母也是如此，女孩就无法摆脱自卑的命运了。孩子是很敏感的，再好的孩子也会因为父母偏心而偏离正路。人人都喜欢漂亮、聪明的孩子，但父母必须学会完美地掩饰这种情绪。因为你的偏心会激发其他孩子的嫉妒心和沮丧情绪，损害他们合作能力的发展。父母对孩子的一视同仁不能只停留在口头上，一定要通过切实的行动，打消孩子心里的疑虑。

在家庭生活的各种合作模式中，孩子之间的合作同样很重要。想让孩子的社会感得到良好的发展，必须给他们提供公平的环境。只有让孩子感受到男人和女人是平等的，他们对性别的认知才不会有偏差，两性关系上的矛盾才有好转的可能。有些人觉得奇怪："同一个家庭长大的孩子，差距怎么就那么大呢？"有些科学家说，这是因为发挥作用的遗传基因不同。事实并非如此，我们可以用树苗的成长来比照孩子的成长。生长在同一个地方的树苗，生长环境有可能天差地别。比如，有的树日照条件得天独厚，接触到的土壤更肥沃，它长得就比其他树苗更快一些。这棵树越是长大，对其他树苗的影响就越大，它会抢走更多养分，挡住其他树苗所需要的阳光，严重阻碍其他树苗的生长。同样，某个孩子太过优秀，也会影响其他孩子的成长。这种情况甚至会出现在父母和子女身上，比如父亲才华横溢、成就非凡，子女的压力就会非常大。他们觉得自己永远也不会取得父亲那样的成就，因此十分自卑，觉得生活毫无乐趣，心灰意冷，死气沉沉。很多声名显赫的行业精英，都对自己的子女感到失望，原因就在这里。所以，作为行业精英的父母，若是不想阻碍孩子的健康发展，最好不要把这种成功的情绪带到家里。

孩子之间也是这样，父母会不自觉地把更多的注意力放在最为优秀的子女身上。父母的宠爱和个人的成功（就算只是些小成功），会使这个孩子变得越发自信和活跃。对此，其他孩子会心怀嫉妒和怨恨。这不难理解，大人都很难做到宠辱不惊，何况孩子呢？太优秀的孩子会影响其他孩子的成长，在这种情况下，可以说，是他夺取了其他孩子成长所必需的心灵养分，使他们成了无意义甚至是错误优越感的俘虏。

　　研究发现：人最难忘的，往往是童年初期的记忆；对人影响最为深远的，也是这段记忆。家人之间的矛盾和恶劣的合作关系，会严重阻碍社会感的发展，使人难以适应日后的社会生活。如果你认真细致地观察过生活，曾对无处不在的敌意和竞争追根溯源，就会发现我们身边，甚至整个世界都充斥这样的情绪：每个人都想要成功，想要成为他人的主宰。事实上，这种心理最早出现在那些在家庭生活中受到了不公对待的孩子身上，因此想要改变这个局面，最好的办法就是增强孩子合作的技巧。

青春期的危险，源于骤然扩大的生活圈

　　很多人都把青春期视为人生中一个具有特殊意义的关键节点，认为这个时期非常奇妙，可以让人发生翻天覆地的变化；但在我们看来，人生中的每个阶段都是特殊的，都有改变人生走向的可能，比如更年期。如此说来，青春期也就没有我们想象的那么特殊和关键，它只是人生的一个阶段，并不会带来多少颠覆性的变化。真正关键的是，我们对每个阶段，有什么期待，赋予了它什么样的意义，准备如何度过这个阶段。很多人觉得青春期很可怕，在生理和心理上都将迎来巨大的变化，其实青春期最大的变化是环境上的。

孩子们需要适应环境的改变，面对社会向他们提出的新要求。有些孩子觉得他们的价值和自尊在进入青春期后受到了严重的打击，觉得自己失去了合作和贡献的能力，不再被需要。要知道，青春期的问题都是由这种怀疑引起的。

进入青春期后，孩子要学会把自己当成社会的一分子，有责任与他人建立平等的合作关系（无论对方是男是女），为社会做出贡献。青春期的孩子要像大人一样面对人生问题，并尝试独立解决问题。如果他们不够自信，对新环境没有足够的了解，那么与青春期同时到来的自由，就会使他们茫然无措，找不到努力的方向。这样的人在受到逼迫时或许能完成任务，但只要没人监管和帮助，就要坏事。他们只能听命于人，无法按自己的意愿控制生活。

进入青春期的孩子一般有两种倾向：一种是希望自己永远不要长大，他们喜欢和孩子玩，像孩子一样说话，言行举止也腼腆得像个孩子；另一种是迫切希望长大（这种占大多数），他们会模仿大人的一举一动，假装成熟，尽管他们自己也不是很有底气，他们甚至会肆意挥霍金钱，四处调情做爱。

对人生没有清晰的认知，却对成人世界跃跃欲试的孩子，很容易偏离正路，走向犯罪。有些孩子之前干了坏事，但没人发现，就觉得自己很聪明，这次也能全身而退，结果一错再错，直至不能挽回。14-20岁的少年最容易出现犯罪行为，因为他们想摆脱现在的生活，想要赚钱，却没有学会任何生存技能，很容易就走向犯罪道路。这个问题并不是现在才出现的，是童年时期种下的恶因（错误原型）在外部压力的作用下，终于张开了血盆大口。

孤僻内向的人倾向于把精神疾病当成逃避生活压力的借口。进入青春期的孩子最容易爆发官能性疾病和精神疾病。精神疾病既能让人摆脱人生问题，又不损伤逃避者的价值感和优越感，还有比这更好的借口吗？当人不想用符合社会规则的方式解决社交问题时，情绪会变得焦躁，于是出现了精神病的症状。越是艰难的处境，人感受到的压力就越大，青春期的孩子对压力尤为敏感。他所有的器官都会受到影响，包括神经系统。他非常紧张，害怕失败，但又不想承担失败的责任。于是，他告诉所有人（包括他自己）自己身体不适，可以说，他的精神疾病是身体对其心理需求的回应。

每个精神病患者都诚意满满，且对能够切实解决生活问题的技巧心知肚明。然而，他们无法掌握这些技巧，只能以精神疾病来逃避现实生活和社会的要求。生病之后，他们的压力反倒没那么大了。他们的态度十分诚恳，好像整个人都在说："我也想尽快把问题处理了，可是我生病了，有什么办法呢？"他们和罪犯的区别是，后者没有任何社会感，会毫不顾忌地显示自己的恶意，而前者的社会感则受到了抑制。精神病患者和犯罪分子，究竟谁对社会的危害更大，这很难判断。精神病患者虽然没有伤害他人的意愿，但他们的行动毫无疑问会给人惹麻烦，是为了个人利益算计亲人朋友的自私者。犯罪分子一边明目张胆地作恶，一边努力压制良心的谴责。

如果说人生是一段艰难的旅程，那么对那些被宠坏的孩子来说，青春期就是走向艰难的拐点。这些孩子自小受尽宠爱，未曾经历风雨，很难担负起成人的责任。他们希望永远生活在他人的宠爱和照料中，却发现长大后，自己不再是受人瞩目的焦点了。小时候，父母为他们创造了一个极为安逸温暖的环境，可是当他们走进社会，才发现世界原来如此冷酷。他们把自己的失败归咎于生活的欺骗。他们的情况越来越坏，不管是学业还是工作都惨遭失败。以前被他们当成笨蛋来嘲讽的孩子，如今走到了他们前面，成了令人钦佩的人才、精英。他们在青春期之前和之后的表现如此天差地别，其实很容易解释。儿时受到的重视给他们带来了巨大的心理压力，他们怕自己表现不好，让父母、亲人失望。

事实上，只要有一点支持和帮助，就能让他们充满干劲，如果没有这些，他们很容易就胆怯后退。其他孩子则是另一种情况，他们在新环境中看到了新的希望，并对自己的人生目标有了较为清楚的认知，于是制定计划，兴致勃勃地准备大展拳脚。这种孩子通常性格坚毅，认为独立并不意味着艰难和失败，不仅如此，独立还是取得更大成功、做出更大贡献的必经之路。

家庭环境对女孩性心理发展的影响

交际圈的扩大，会使不受重视的孩子看到新的希望，他们渴望他人的称赞和认可，并以此为人生目标。这种情况很危险，对女孩尤其如此。很多女孩缺乏自信，只有别人的认可和称赞，才能让她们感觉到自己的人生价值。那些油嘴滑舌的男人最喜欢猎捕这样的女孩。很多不受父母重视的女孩为了证明自己已经长大,为了得到男人的关注和赞赏,沦为男人的玩物。

有个 15 岁的女孩,家里很穷,她哥哥自小体弱多病,母亲不得不将大部分精力都用来照料儿子。她出生没多久,父亲也病了,母亲既要照顾儿子,又要照顾丈夫,给女孩的关爱自然就更少了。女孩也想得到父母的重视和关爱,可惜一直未能如愿。后来父亲病好了,可是很快家里又添了一个小妹妹,母亲于是又忙着照顾新生儿。女孩觉得自己是家里唯一得不到关爱的孩子。她在家里乖巧懂事,在学校里成绩优异。父母见她成绩好,把她送进高中继续学习。陌生的环境和陌生的老师,让她觉得难以适应,尤其是新学校的教学方法也和先前完全不同,她的成绩一落千丈。老师越批评她,她就越灰心丧气。她渴望别人的称赞,可是家里没人重视她,在学校里的表现又这么差,她觉得十分苦闷。

她想找一个能够欣赏她的男人,后来就离开学校和一个男人同居了两周。家人非常担心,到处找她。想想也知道,那个男人并不是真的欣赏她,她很快也发现了这一点。她后悔了,想要自杀,给父母写封信说:"我服毒了,别担心,我很开心。"

其实她根本没有服毒。至于她为什么要这么做,倒也不难理解。她不是真的想死,只是希望父母能多爱她一些,能找到她,带她回家。如果这个女孩能意识到自己所做的一切都是为了获得他人的赞赏,这些事或许就不会发生。如果高中老师用心了解过这个女孩,知道她曾经非常优秀,知道她渴望他人的赞赏和关爱，换一种方式来鼓励她，她就不会如此灰心丧气了。

　　还有一个女孩，父母性格软弱，却有重男轻女的思想。她的出生让父母非常失望，他们太想要儿子了。可以想象，父母这种思想一定会影响女孩的成长。女孩经常听到母亲对父亲说："这孩子跟木头一样，一点都不讨人喜欢。长大了谁会要她啊！"或是："等她以后长大了，我们该怎么办呢？愁死人了。"女孩在如此恶劣的环境下，长到了十几岁。有一次，她看到母亲的一位朋友写来的信，那位朋友在信里劝母亲趁着年轻，还有机会，赶紧再生个儿子。女孩心里的痛苦，不难想象。

　　几个月之后，女孩去乡下探望叔叔，偶然认识一个智力低下的男孩，两人成了男女朋友。后来男孩提出分手，女孩却旧情难忘。她到医院接受心理治疗时已经交了很多男朋友，可惜一个都不喜欢。她得了焦虑症，甚至不敢独自出门，只好向医生求助。为了得到他人的赞赏，她几乎用尽一切方法，一种不行，就换另一种。现在又想以精神疾病来赢得父母的注意。除非她能改变这种心理，否则，别人再怎么规劝引导，也是徒劳无功。她哀哀哭泣，用自杀威胁父母，把家里弄得一团糟。让这个女孩认清自己的处境，并没有那么容易。她正处于青春期，又被忽视了太久，根本无法理解别人的赞赏其实没那么重要，过于在意他人的赞赏，只会让自己受苦。

　　青春期的少男少女很容易把性和成熟联系在一起，过分夸大和看重此时的性关系。有个女孩觉得自己一直活在母亲的控制之下，为了反抗母亲，故意和男人发生性关系。对她来说，母亲知不知道实情无关紧要，重要的是让母亲焦虑不安。所以，女孩和父母吵完架之后随便找个男人发生关系的情况并不少见。很多人完全无法理解，那些平时看着乖巧懂事、教养良好的女孩，怎么在男女关系上如此混乱。其实，这些女孩本性并不坏，只是觉得自己受到了忽视或压制，把和男人发生关系当成了获得优越感的最好方法。

很多备受宠爱的女孩都有些排斥自己的女性身份。重男轻女的传统思想使她们对自己的地位十分不满，进而产生了崇拜男性的心理。这种心理的表现方式多种多样，有的是厌恶和回避男性，有的是在男性面前十分紧张、羞怯，甚至连话都说不出来。为免尴尬窘迫，她们会尽量避开有男人参加的聚会。这些女孩长大后，虽然总说想要早点嫁人，却不肯和男性接触、来往。在青春期，对女性身份最反感的女孩会有一些极端的表现——模仿男性。她们像男孩一样走路说话，抽烟喝酒，甚至是骂人、滥交。

很多女孩这么做，是因为她们相信这样才能引起男孩的兴趣。这种排斥女性身份的情况发展到最后，甚至会产生性别倒错，变成同性恋，还有些女孩因此走上了出卖肉体的歧路。很多妓女都觉得自己从小就不讨人喜欢，生来就低人一等，以后也只能在社会底层挣扎求生存。她们心灰意冷，看不起自己，贬低自己的性角色，把身体当成赚钱的工具。别以为这种对女性角色厌恶至极的情绪是在青春期才出现的，其实这种情绪早在女孩幼年时期就已经存在，只是那时，她们没必要也没办法表现出这种情绪。

男性崇拜不只出现在女孩身上，每个过分推崇男子气概的孩子都想成为男子汉。他们朝着这一目标努力,但也怀疑自己有没有能力得偿所愿。我们的文化过于强调男性的地位,很多缺少自信的男孩也会像女孩一样备感压力,尤其是那些童年时性别意识不清晰的孩子。所以,孩子两岁的时候,就要让他明确知道自己的性别定位。这一点很重要。

长得像女孩的男孩有一段时间会很难熬。陌生人以为他们是女孩,认识的人也告诉他们:"你应该是女孩啊!"他们甚至会因为清秀的容貌而遭到嘲讽和欺辱。他们因此自卑,对恋爱婚姻也几乎不抱希望。有些自卑的男孩进入青春期后,甚至会模仿女孩,娇纵任性、扭捏作态,就像个被宠坏的女孩。

第十讲

儿童时期的三种困境

每个人的生命之初都有自卑感的影子,只是有的人重一些,有的人轻一些。孩子总有一天会意识到,人生困境靠一个人的力量是无法解决的。这种自卑是孩子努力奋斗的起点和驱动力,决定了孩子会用什么方法来获得平静和安全,人生目标是什么,通过什么途径来实现自己的人生目标。而如果出现以下两种因素,其成长就会受到破坏:一种是自卑感的过度增强,另一种是错误的人生目标。

命运并不垂青于每个孩子

现在我们已经知道了这样一个事实:不受命运眷顾的孩子和从小娇生惯养的孩子,在人生态度和对他人的态度上天差地别。请务必记住:生活中的每个孩子都处于弱势地位,在培养出社会感之前，都无法独立生存。我们总能清晰地感受到孩子的脆弱和无助，每个人的生命之初都有自卑感的影子，只是有的人重一些，有的人轻一些。孩子总有一天会意识到，人生困境靠一个人的力量是无法解决的。这种自卑是孩子努力奋斗的起点和驱动力，决定了孩子会用什么方法来获得平静和安全，人生目标是什么，通过什么途径来实现自己的人生目标。

心灵和肉体的潜能决定了孩子的可塑性。可塑性会因为以下两种因素受到破坏：一种是自卑感的过度增强，另一种是错误的人生目标。有些人努力追求的，是影响环境的权力和对他人的控制力，只有得到这样的力量，他们才能感到平静和安全。这样的孩子不难分辨，他们很容易走上歧路，因为他们总觉得自己所有的经历都是失败的，受人排挤、忽视。考虑到以上因素，我们必须承认，孩子总要走些冤枉路，永远无法准备充足。每个孩子都有走错方向的危险，也都有发现自己处境危险的时候，只是有人早一些，有人晚一些。

孩子还没准备好，各种困难就已经纷至沓来，他不知道该如何反应，手忙脚乱，一错再错。换句话说，孩子没有足够的时间慢慢调适自己的心理状态，仓促应战，适应能力还没发展起来，就要面对很多棘手的问题。

当我们回忆自己在人生道路上犯下的错误时，就会发现人类的心灵一直在错误中积累经验，不断进步，以期未来可以做出更好的反应。我们就像在做实验一样，用一生的时间不停地尝试。人在紧急情况下做出的即时反应往往最能展现出他的内心世界。当然，任何评价——无论对人的还是对社会的——都必须具体情况具体分析，没有统一的标准。

幼儿身体脆弱，没有成人的保护和照顾，很快就会夭亡，所以，每个孩子最初的成长阶段都必须有守护者，而这位守护者的养育方式，对孩子心灵发展的影响发挥着至关重要的作用。这并不是说教育决定一切，但谁又能忽视教育的作用呢？家庭是孩子心灵发展的第一站。孩子四五岁时，便已基本成型，之后的时期是以原型为基础，以犯错、反抗、妥协的方式发展心灵的过程。儿童最常遭遇的三种困境就是生理缺陷、被宠坏和被忽视。

生理缺陷

社会感发展受阻或被扭曲，通常和心灵发展受阻有很大关系。抑制心灵发展的因素可能来自外界，比如经济条件、社会状况、种族、异常的家庭关系等，也可能来自孩子本身，比如生理缺陷。

人类文明得以延续的一个基础条件，就是人们必须有发育完全的、健康的身体。众所周知，有生理缺陷的孩子在面临人生问题时，会遇到很大的困难。学说话慢的，学走路慢的，没有运动细胞的，智力发育缓慢的，都属于此列。这样的孩子行动迟缓，反应迟钝，动不动就会受到这样那样的伤害，这种伤害不只是身体上的，还有精神上的。这个世界不是为他们设计的，当然也不会给予他们多少温情。事实上，身体的残缺还会让他们陷入苦难的泥沼，难以逃脱。这就解释了为什么有生理缺陷的孩子，总是把自己放在人类社会基本规则的对立面，因为生活对他们并不友好。即使机会到了面前，这种孩子也很难抓住，他们总是犹豫不决，害怕这是一个陷阱。他们将自己封闭起来，不想承担任何责任。他们对别人的轻视非常敏感，会无意识地夸大这种轻视。他们渴望光明，却把太多的注意力放在人生的阴暗面上，总给人一种犀利好斗的感觉。他们渴望他人的关爱，却只是索取，不懂回报。对普通人来说，责任是鼓舞他前进的动力，而对有生理缺陷的人来说，责任等同于无法战胜的困难。

他们仇视别人，仇视这个世界。没有人能够打破他们竖起来的高墙，走到他们身边，而且这堵高墙还会越来越厚。他们做每一件事都谨小慎微、犹豫不决，无法和他人、社会建立良好关系，处境因此总是越来越差。通常来说，天生残疾的孩子在困难中挣扎求生，其社会感的发展受到了严重阻碍，只想得到他人的认可，不喜欢和人合作。

不只生理缺陷会使人仇视世界，其实在社会压力和经济压力太大的时候，人也会有这种情绪。这种倾向很早就出现了。有生理缺陷的孩子两岁时，就会感觉到自己不知道为什么总是争不过其他孩子，他心虚胆怯，再简单的游戏也无法充满信心。他越是焦躁急切，越是显露出不断的失败已经使他产生了强烈的自卑感和被忽视感。

有些人生来就有些与众不同的特点，从他遮掩特性、培养共性的过程中，我们可以看到其心灵发展的动向。以左撇子的孩子为例，有些孩子可能永远都不知道自己其实是左撇子，因为从出生的那一刻起，父母就精心地训练他使用右手（事实上，孩子是不是左撇子，在婴儿期就能发现，因为他的左手用得更多）。一开始，他因为右手太过笨拙而受到嘲笑或责备。迫于压力，他开始培养自己用右手的习惯和兴趣，用右手写字、画画。在生活中，左撇子比正常的孩子更擅长使用右手的情况，其实相当普遍。孩子发现自己是左撇子之后，一定会培养自己对右手的兴趣，通过努力练习，改变这种缺陷。这一过程发生的时间越早，他的能力和艺术天分越能得到有效的挖掘。战胜缺陷的过程，会激发他的斗志和野心。有时候，因为抗争得太过辛苦，他会很羡慕，或者说嫉妒那些正常的孩子，并由此产生出自卑心理。世界上还有什么敌人比自卑更难战胜呢？在困境中磨砺长大的孩子，也许会成为一个顽强的人，他长大之后，仍然有强烈的斗争精神。他一直在抗争，坚信自己并不比别人差。这样的人比别人负担更重。

　　孩子在四五岁原型形成之后，开始以原型为基础，以奋斗、犯错、发展等方式形成自己的人生目标。每个孩子的目标都不一样，有的因为无法适应这个世界而渴望离开，有的想要成为画家。到底要怎么做才能克服自身的缺陷，孩子不知道，我们虽然可能知道，却往往没有用正确的方式跟他们解释清楚。

　　人们很容易把视线集中在自己的生理缺陷上，眼耳口鼻、心肝脾胃肾，总之，越是有缺陷的地方，越能引起人们的注意。有个例子刚好可以说明这种情况。有个45岁的中年男人，已经结婚成家了，事业也做得顺风顺水。他有哮喘病，可是很奇怪，每次都是下班回家后才发病。有人问他为什么总是在回家后发病，他解释说："我和妻子性格不合，我是理想主义者，她是物质主义者。下班后，我想在家休息，她想出去赴宴社交，觉得我待在家里，不合群，总是数落我。我对此十分气恼，一生气，就觉得呼吸困难。"

生气可以引起很多生理变化，这位先生既没有胃痛，也没有头痛，而是觉得呼吸困难，为什么？因为呼吸困难最符合他的原型特征。他小时候被人用绳子绑过，由于身体弱，绳子又绑得太紧，他无力反抗，呼吸系统受到了一些影响。当时家里有个女仆对他很好，经常坐在他身边安慰他、照顾他，把全部精力都放在他身上。他总觉得有人会一直陪他玩，有人照料他。毫无疑问，这种印象并不客观。他四岁的时候，那个女仆就嫁人离开了。他送她去车站时，哭得满眼是泪，还对母亲说过："珊娜是世界上最爱我的人，她走了，就没人爱我了。"

这位先生想要找到一个能把全部精力都放在他身上，永远爱他、安慰他，让他感到快乐的人，这是他的原型所期待的理想目标。他直到成年，都在寻找这样一个人。他觉得呼吸困难，不是因为空气少，而是因为他的妻子没有一直陪在他身边安慰他，使他快乐。很明显，这样的人，他多半是找不到的。从某种意义上讲，他想要控制环境，而他身体上的变化则是对这一期望的回应。换句话说，他不希望妻子去剧院、去拜访朋友，或者参加其他社交活动，这才产生了呼吸困难的情况。他用这种方式来满足自己控制妻子的欲望，来获得优越感。

表面上看，这位先生没有做错什么，无可指摘。可是他心里有强烈的控制欲，他想要控制别人，想要把妻子从现实主义者变成和他一样的理想主义者。

我们发现有视力障碍的人尤其喜欢用眼睛去看，他们甚至在看这方面产生了一些特殊的能力。比如著名作家古斯塔夫·弗赖塔格[1]，这位剧作家在文学创作领域有着非凡的成就，只是他眼睛不太好，有些散光。很多画家和诗人都有眼疾，但正是因为眼睛不好，他们才对需要看的事物格外有兴趣。弗赖塔格说过："眼睛的异常，让我们不得不发挥、强化自己的想象能力。无论如何，我在想象中看到了比他人用眼睛看到的更加真实的世界。如此，视力上的缺陷反倒成就了我。当然，我也不知道这对我成为优秀作家到底有多大影响。"

通过观察，我们发现很多天才都有一些生理缺陷，比如视力障碍、听力障碍等。类似的例子在历史资料中屡见不鲜。有些人是一只眼睛看不清，有些人是两只眼睛都看不清，有些天才几乎陷入全盲，却有着比常人更加敏锐的区分色彩、光影和线条的能力。

有些人对食物的话题格外敏感，经常和人说一些食物方面的事，比如自己或他人适合吃什么、喜欢吃什么等。他们比别人更喜欢这些话题的原因，可能是小时候吃错东西，也可能是母亲过度关爱，总和他们念叨哪些能吃、哪些不能吃、哪些对身体有害，诸如此类的问题。他们一开始或许并不愿意，但日

---

1. 古斯塔夫·弗赖塔格（1816—1895），德国小说家、剧作家，其代表作为《借方和贷方》。——编译者注

久天长的接触和磨炼,终于使他们成为一个在食物方面有丰富知识的人,最后不是成了美食家,就是成了厨师。

有些人肠胃不好,只能找其他东西来替代对食物的关注,比如金钱。于是,他们有的成了银行家,有的成了一看到钱就眼冒金光的吝啬鬼。他们夜以继日地努力工作,为了金钱奋斗不止。

现在我们来谈谈大脑和身体之间的联系。毫无疑问,这种联系一定是存在的。同样的缺陷可能会造成不同的结果,同一种不良的生活方式,可能是不同的生理缺陷造成的。生理缺陷只要经过妥善治疗,大多能够痊愈。可是很多悲惨后果最主要的推手,其实不是生理缺陷,而是患者的态度。正因如此,个体心理学家才会说:"现实生活中没有什么必然的因果关系,也没有绝对的生理缺陷,问题全都出在患者身上,出在他们对自己生理缺陷的坚持上。"并由此提出这样一个结论:培养拼搏精神的关键,是战胜原型中的自卑感。

过度的爱:被宠坏

孩子的成长需要关爱,但关爱太过也会有很多弊端。被嫌弃的孩子遭遇的困境,被宠坏的孩子也会遇到。从小娇生惯养的孩子渴望他人的关爱,希望永远和疼爱他的人生活在一起。过于强调爱的价值,会使孩子误以为大人在索取报酬,于是孩子也强调爱的价值,并对父母说:"我爱你们,所以你们要为我的爱负责，满足我的一切要求！"我们在很多家庭都能看到这种情况，这几乎已经成一种显而易见的规律。

只要感受到他人的疼爱，哪怕只是一点点，他也会想方设法赢得对方更多的关爱，甚至让对方主动显露更多柔情，最终对他百依百顺。不过，更需要关注的是那些只对某个家人索取关爱的情况。关爱过度会严重阻碍孩子的健康发展，让他在以后的人生中无所不用其极地索取他人的柔情。为了实现这一目标，他会压制兄弟姐妹的发展，恶意打压竞争对手。对他来说，赢得父母的偏爱并不是什么难事，只要足够优秀，当个乖巧懂事的好孩子就行了。

有些孩子为了凸显自己的乖顺正派，会怂恿兄弟姐妹犯错。为了得到父母的更多关注，他们有时会表现出色，想方设法成为受人瞩目的焦点，通过他人难以企及的重要地位，让父母在社会的压力下不得不对他们更好。有时，他们会表现得懒惰，或者故意做一些坏事。不用怀疑，他们这么做也是为了得到父母更多的关注。

由此可知，为了达成已经确定的心灵目标，孩子愿意付出一切努力。他们或许会变得很好，但也可能变得很糟。举个例子，同样是为了获得大人的关注，有的孩子选择让自己变得更优秀，有的孩子却把自己变成一个调皮鬼，这种情况十分普遍。显然，前者才是聪明的做法。

如果生存环境太过安逸平稳，孩子解决问题的能力就会受到抑制，被宠坏的孩子就是这种情况。父母家人对孩子干涉过多，帮孩子承担了所有的责任，就等于抹杀了孩子为将来的人生做好准备的机会。他们的社会感没有得到充分的发展,不知道该怎么和主动示好的人保持联系,也不知道该怎么和那些不善交往的人建立关系。没有学过战胜困难的技巧的人,要如何面对真实生活中的磨难与危机?当他们走出家庭的温室,再也没有人会像父母、亲人那样为其遮风挡雨,一时之间,他们难免会对外面的世界感到无所适从,也无法独立承担责任,此时,遭遇挫折、经受失败,无疑是必然的结果。

被宠坏的孩子的另一个共同特征就是自私,只考虑自己,不考虑他人。他们的表现说明,他们不只是社会感没有得到充分发展,世界观也很消极。除非他们能改变自己错误的行为模式,否则永远无法获得幸福的人生。

爱的缺乏:被忽视

爱虽然是一种本能,却也需要培养和挖掘。如果在孩子成长的过程中,父母很少关心和照料他,他爱人的能力就会受到影响,不知道什么是爱,也不知道该怎样去爱。换言之,在冷漠的家庭环境中长大的孩子会慢慢形成这样的人生态度:畏惧一切爱和柔情,不敢表现出自己的爱。有些父母、老师或其他成人给孩子灌输了一种错误的思想——只有软弱无能和可笑的人才会表现爱和柔情。受这种观念影响的孩子很容易形成上述的人生态度,由于显露柔情而被讥讽蔑视的孩子尤其如此。这样的孩子会把所有的情绪和情感都掩藏起来,他们相信,向他人展示爱和柔情是荒唐可笑、毫无价值的。他们不愿付出爱，不愿接受爱，认为那会降低自己的人格，失去对自己的控制权。

在经历磨难重重的童年生活之后，他们已经很难再像正常人那样享受爱和柔情了。有些孩子因为冷漠粗暴的环境、压制柔情的教育方式，变得胆小怯懦，他们不敢参与社交活动，慢慢地甚至彻底地从社会中脱离出来。可是心灵发展一个极为重要的过程，就是融入社会。这时只要有人跟他主动示好，他就会紧紧抓住对方，并竭尽所能地保护这段友谊。有些人终其一生只有一个朋友，除此之外不喜欢任何人，原因就在这里。

有的人发现母亲只爱弟弟，那一瞬间他强烈地感觉到自己是被忽视的（不难想象，他是在怎样压抑的环境下长大的），于是把得到他人的爱和柔情当成人生目标。

每个孩子的成长环境都离不开大人，力量的悬殊使孩子清楚地认识到自己的弱小无助。他知道自己无法独立生活，甚至不相信自己有能力完成他人轻易就能完成的简单工作，而不出一点差错。教育上的很多错误都由此而起。人们让孩子做一些他们根本做不到的事，让孩子越发觉得自己渺小无用。有些人甚至会故意让孩子难堪、羞窘，并以此为乐。他们像玩玩具和真人玩偶一样逗弄孩子，或者把孩子当成易碎的珍宝、无用的累赘。大人（主要是父母）的这种态度，让孩子认为自己只有两条路可选：一个是招人喜欢，一个是惹人讨厌。因父母的态度而产生的这种自卑，在人类文明的某些特殊元素作用下，可能会得到进一步加强。忽视孩子的习惯就属此类。这会使孩子有一种感觉：我不重要，没有权利，永远无法参与大人的生活，甚至连话都不能多说，必须安静、温顺、有礼貌等。

很多孩子的成长过程一直伴随着对嘲笑的恐惧。嘲笑对孩子的伤害几乎是永久性的，嘲笑孩子，无异于犯罪。我们很容易就能分辨出某个成人在小时候是不是经常受人嘲笑，因为他永远无法摆脱对嘲笑的恐惧。

忽视孩子的另一个表现是向孩子说谎，而且是那种显而易见的谎言。这会使孩子开始怀疑身边的环境，觉得他所面对的一切都是不真实的，他的人生也是如此。我们遇到过这样一个患者，是个小孩，他在学校里总是莫名其妙地大笑。当被问到为什么要笑时，他告诉我们，他觉得学校是父母开的一个玩笑，不需要严肃对待。

第十一讲

▽

自卑是一切性格特点的根源

自卑是一种十分正常的情绪，是人类改善自身环境的原动力。正因为人类知道自己的无知，又对未来充满期待，才会努力探索自然、宇宙，科学才得以诞生和发展。可以说，一切文明都是在自卑情结的基础上发展起来的。就个人而言，因为自卑，我们才会努力超越自己，追求成功，实现自己。超越自卑的途径之一，是学会合作。没有学会合作的孩子，会陷入悲观和自卑情结之中难以自拔。在生活中，即使是擅长合作的人，仍然要在各种困境中辗转沉浮。没人能完全控制自己的命运，生命如此脆弱，必须终生努力。

怎样确认一个人是否自卑

自卑情结是个体心理学的重要发现，现在已经广为人知。

很多心理学家都采纳了这一概念,并将其付诸实践。但是,我不敢确定他们是否都充分了解并正确运用这个概念。举个例子,当你跟一个人说他有自卑情结,却不告诉他该如何处理这个问题,这对他毫无益处,因为知道自己自卑,并不代表他就能消除自卑,不仅如此,有时他还可能更加自卑。为此,我们必须找出他们生活方式中最能引起其自卑心的那个点并加以攻克,在他心灰意冷的时候给予鼓励,有针对性地进行治疗。

有自卑情结的人会在某种特定的情况下否定自己的价值和人生意义,为自己的行为设限。这时你告诉他们"你有自卑情结",就相当于对一个头痛的人说"我知道你头痛"。这样毫无意义,他们并不会因此就振作起来。

很多有自卑情结的人都不承认自己自卑,甚至会觉得自己比别人更优秀。所以,我们不必听他们怎么说,只要留心他们的行为,就能看到这些人为了彰显自己的重要性,做了多少努力,使了多少手段。比如傲慢的人经常会这样想:"他们都看不起我,我必须做一些事,让他们意识到我不可小觑。"说话时表情和姿态夸张的人,通常是这样想的:"如果不加重语气、挥舞双手,别人就不知道我说的话有多重要。"

事实证明,每个盛气凌人的举止背后,都藏着一颗亟待掩饰的自卑之心。这就像矮小的人为了显得高一些,只能踮起脚尖一样。有时,我们看到两个孩子比身高,矮小的那个会尽量站得更直一些,就是这个道理。这个时候,如果你问那个孩子:"你是不是觉得自己矮?"他一定不会承认。所以,千万不要以为有自卑情结的人会表现得格外安静、和善、内向、与世无争。

自卑情结的表现方式多种多样，下面这个例子刚好可以证明这一点。有三个孩子第一次和母亲来动物园。当他们看到笼子里威风凛凛的狮子，其中一个孩子立即躲到妈妈身后，浑身颤抖着说："妈妈，我们回家吧。"另一个孩子僵硬地站在原地，脸色惨白，强撑着说："我不害怕。"第三个孩子凶狠地瞪着狮子，跃跃欲试地说："妈妈，我能朝它吐口水吗？"三个孩子看到狮子都感到害怕，但他们的表现方式却截然不同。

生活中总有一些事是我们无法改变和左右的，所以每个人心里都有一些自卑感，只是自卑的程度各有不同。想要摆脱自卑情结，唯一的办法就是以坚定的信念、合理的方法，战胜困难、改善环境。没人能一直忍受自卑感的困扰，即使那些丧失了信心、认为一切努力都是徒劳的人，也一样如此。人们在压力的逼迫下采取行动，寻求自救的办法。丧失信心的人虽然也想战胜困难，却没有勇气直面困难、跨越阻碍。为此，他们只好极力说服自己产生一些自欺欺人的优越感。但是麻醉剂并不能真正解决问题，不利的环境仍然存在。这样一来，问题越积越多，情况越来越危急，压力也越来越大，他的自卑感只会不断加剧。

如果只看他自欺欺人的行为，而不去深入理解问题的实质，你会觉得这个人莫名其妙，做事天马行空、毫无章法，看起来完全不像是要改变自身处境的样子。他跟别人一样，想要获得价值感，只是努力的方式无法真正达成这一目标。只要了解了这一点，他的行为也就不难理解了。举个例子，有个人觉得自己体格瘦弱，于是他创建了一个能让自己感觉强壮的情境，躲了进去。他努力的目标是让自己有一种强壮的感觉，而非通过锻炼，真正达到强壮的效果。这种自欺欺人的努力只会使事情越来越糟。比如在工作上感觉力不从心的人，为了麻痹自己，获得价值感，在生活上可能会变成一个暴君。可是，无论他怎样自我欺骗，也无法消除心底的自卑。只要生活环境没有得到改善，自卑感就无法消除。如果把个人的心理状况想象成一条河，那么自卑就像是一条蛰伏在河面下、随时都可能掀翻船只的暗流。

现在，我们需要给自卑情结下一个明确的定义：在遇到困难时，无法作出正确的反应，也不相信自己有解决问题的能力。从这个定义可以知道，自卑情结的表现形式多种多样，比如哭泣、气愤、愧疚，等等。为了缓解这些情绪，自卑的人倾向于寻求优越感作为补偿。但这种办法治标不治本，因为现实问题并未得到解决。他们用无形的绳索绑住了自己的手脚，想的不是战胜困难而是避免失败，所以行动起来也是缩手缩脚、犹豫不决。

这一点，在广场恐惧症患者身上表现得很清楚。有这种心理问题的人坚信："人生中有很多未知的危险，为保安全，必须留在熟悉的环境中。"为此，他们把自己困在家里甚至床上。逃避困难最极端的方法是自杀。自杀者觉得自己无力改变任何事，在困难面前选择彻底放弃。自杀行为也包含着对优越感的追逐，因为这本身就是对他人和自己的一种惩罚，几乎所有自杀的案例都有仇恨的对象，自杀者用死亡来宣告自己的脆弱和善良，控诉逼死自己的人的狠毒和残忍。

当孩子发现了眼泪的效力，他就会喜欢上哭泣，这样的孩子长大后，罹患抑郁症的机会也比其他孩子高。抱怨和眼泪——

所谓"液态力量"——会损害合作关系的建立，让他人成为被奴役者。极端羞怯窘迫、有强烈负罪感的人，都有明显的自卑情结，他们敢于甚至是乐于承认自己的脆弱敏感，但极力隐藏自己的真实愿望——不惜一切代价超越他人。喜欢自吹自擂的人，乍一看似乎优越感很强，但只要认真观察他们的行为，就能发现明显的自卑痕迹。

自卑既能通向自我封闭，也能通向与人合作

有严重自卑情结的人会限定自己的活动范围，减少自己和这个世界的联系。为了掩盖人生中的问题，他们竭力和现实生活保持距离，只在自己熟悉的环境里活动。他们用这种方式，给自己建造了一个狭小的堡垒，隔绝了危险的同时，也隔绝了阳光雨露和新鲜的空气。他们按照自己的经验，在熟悉的环境中或是逆来顺受，或是抱怨不休。总之，他们会选择最适合自己的策略来达成优越目标，这也是他唯一的人生目标，如果第一种方法不行，就换第二种。

俄狄浦斯情结就是神经症患者将自己封闭在"狭窄城堡"里的典型案例。一个不敢去广阔世界寻找爱情的人，当然无法获得爱情。只敢在家庭的范围内活动的人，除了家人，还能找谁宣泄性欲呢？由于缺乏安全感，他只把目光放在最亲近的几个人身上。他不敢和别人接触，因为他不相信自己离开这个小圈子后仍然能像现在一样控制局势。被父母宠坏的孩子身上大多有俄狄浦斯情结,他们把自己的愿望当成法律,以为自己想要什么能都得到,却没想过,只要自己足够努力,愿意付出,也会有人像家人那样关心他、爱护他。这样的人越长大,就越离不开父母。他们想要的不是平等的爱人,而是低贱的奴仆,还有什么人比父母更能成为尽职尽责的奴仆呢?任何一个孩子,只要有一个溺爱无度又不许孩子对别人感兴趣的母亲和一个冷漠的父亲,很容易就会有俄狄浦斯情结。

有自卑情结的人会竭尽所能地限制自己的行为能力,以减少和外界的联系。比如,口吃的人明明没有任何智力问题,却给人一种迟钝笨拙的感觉。仅有的一点社会感会迫使他和他人建立关系,但强烈的自卑感和对失败的恐惧又让他裹足不前,所以行动时就显得犹豫不决、畏缩怯懦。有自卑情结的人,比如学习不好的孩子、找不到男朋友或女朋友的大龄青年、在事业上力不从心的人,遇到困难就格外恐惧。自卑情结会严重阻碍人们解决人生困境的能力。有些男人因为无法和异性建立起良好的合作关系,甚至出现了阳痿早泄、性冷淡、自慰等问题。

不过,自卑是一种十分正常的情绪,是人类改善自身环境的原动力。正是因为人类知道自己的无知,又对未来充满期待,才会努力探索自然、宇宙,科学才得以诞生和发展。换言之,一切文明都是在自卑情结的基础上发展起来的。想象一下,当外星人到了地球,一定会发出这样的感叹:"这些人类明明是地球上最脆弱的生物,却组成了一个如此强大的团体,以保障自己的安全。他们修建房屋以躲避风雨,穿上衣服以抵御严寒,造船铺路以方便行走。"人类在某些方面确实非常脆弱,我们不像猩猩、狮子那样强壮，很多动物都比我们拥有更好的天赋，可以独立面对生活中的困难。有些动物虽然也会通过群居、联合的方式来弥补自身的弱小，但是纵观整个自然界，没有哪种动物能像人类这样建立如此多种多样和深入彻底的合作关系。

人类婴儿非常弱小，需要长时间的保护和照料，如果他学不会合作，就只能靠他人的施舍而活。为什么没有学会合作的孩子会陷入悲观和自卑情结之中难以自拔，原因就在这里。生活中，即使是擅长合作的人，仍然要在各种困境之中辗转沉浮。没人能完全控制自己的命运。人类的生命如此短暂和脆弱，我们必须找到更加完美的方案以解决三大现实问题。为此，我们不断努力，永不止步。但是，只有和他人建立合作，这一切的努力才是有希望的和有意义的。

不要因人类无法实现终极目标而忧虑愤懑。试想一下，如果一个人或整个人类已经达到了没有任何困难的境界，那生活还有什么趣味？如果每件事情都能够预知，没有任何危险和意外，那人生还有什么可期待？人生最大的乐趣就是它不可预知，充满变数。如果我们能知道每件事情的发展方向，所有争论都会消失，但是与此同时，也不再有发现，科学之路会走到尽头，我们的世界就会成为一个不断重复的故事，给我们带来乐趣和安慰的艺术和宗教就不再有意义。层出不穷的挑战，让我们的生活丰富多彩。人类永远不会停下奋斗的脚步，只要有新问题，就会有新的合作，还有比这更幸运的事吗？

自卑感强烈的表现

有自卑情结的人，很难以平静的心态面对人生困境，一点小麻烦也能让他们手足无措、心烦意乱。相信自己能够解决问题的人，即使偶尔遭遇失败，也不会感到很焦虑。自卑感强烈的孩子，大多鲁莽好斗，嚣张高傲。想要帮助这些孩子，我们的任务就是找到他们自卑的原因，以便对症下药。千万不要批评或惩罚原型生活方式中的错误。

我们可以以自己特有的方式在儿童中辨认出这些原型的特征——在他们与众不同的兴趣中、在他们超越他人的谋划和努力中，以及在他们朝着优越目标的发展过程中。有些人性格孤僻，特别排斥和他人交往，他们对自己的表达能力和行动能力没有信心，只想在自己的小圈子里安稳度日，厌恶环境上发生的任何变化，这种性格特点贯穿了他们整个人生，在学校里如此，在婚姻中如此，在社会中同样如此。他们想要获得优越感，却只敢在一个狭小的空间里活动，在幻想中实现功成名就的愿望。生活中，这样人并不少见。他们不知道，想要有所成就，就必须做好面对各种情况的准备。如果我们不和他人接触、不和环境发生联系，那么引导一切行为的依据，就只能是自己浅薄的见识，而非人类千百年经验积累下来的社会常识。想要获得这种常识，唯一的办法就是和他人、社会正常交往。

哲学家在著书立说的时候，必须集中精神，用正确的方法总结阐述自己的论点。这时，他必须减少社交活动，不能总是出去参加各种社交活动，如：赴宴、游玩。但是过了这段时间之后，他还是要走进社会，多多参加社交活动。只有这样，他才能获得更好的发展。遇到这样的人，我们必须记住，他既有参与社交的需求，也有脱离社交的需求。我们需要认真分辨，哪些行为对他是有效的，哪些行为对他是无效的。

人们努力的方向一定是找到或创造一个自己占据优势地位的环境，这也是人类社会发展的关键。有强烈自卑感的人，喜欢和比自己弱小，或者能够听命于他的人在一起，他不喜欢比自己强的人。这是异常的、病理性的自卑感在作祟。发挥重要作用的不是自卑意识，而是自卑的程度和特点。

这种不正常的自卑感叫作"自卑情结"。只是"情结"这个说法其实不太准确，因为这种自卑已经深入到社会个性中，说是情结，更像是一种疾病。随着境况不同，自卑情结的危害程度也会发生变化。有些人在工作领域表现得很自信，看不出他有什么自卑情结，可是在另一方面，比如和异性的交往上，在社会关系的适应上，就没那么得心应手了，所以，我们也只能在这些方面挖掘出他真实的心理状态。

越是在艰难紧迫的环境里，人就越容易犯错。事实证明，陌生的环境和艰难的处境最能让人原形毕露。事实上，艰难的处境通常也是陌生的环境。我们说新环境是衡量一个人社会感的最佳标尺，原因就在这里。

想象一下，当我们把一个孩子送进学校，把他对学校的兴趣作为他对社会生活的兴趣加以观察时，会发现什么？他是尽可能和同学保持距离，还是走到同学中间，和他们一起玩耍学习？有些孩子做起事来总是瞻前顾后、犹豫不决，只有满足了某些特定条件，他们才肯行动。这些特点也有可能出现在他们生活的其他方面，比如婚姻和工作上，必须认真观察。还有些孩子很聪明，也很活跃，跃跃欲试，什么活动都想参加。我们一定要仔细观察他们的内心世界，才能找出为其提供动力的真实源泉。

有些人经常抱怨："我原本要当××家的。""我要是他，就怎么怎么样了。""要不是……我肯定比他强。"……自卑感越强的人，越喜欢说一些类似"是的……但是……"的句子。这些话带着严重的怀疑情绪，只要仔细体会，就能发现这种情绪里的新问题。我们知道，疑心病重的人因为对任何人任何事都抱有怀疑态度，往往很难真的有所成就。他总是说一套，做一套，比如他说"我不去"，其实你可以理解为"我一定会去"。

心理学家只要深入观察，就很容易发现有些人表现得非常矛盾，这也是自卑感强烈的典型特征。当然，实际情况不止于此。矛盾的人在和他人接触、交往时，通常显得有些木讷，手段单一、态度拘谨。只要稍加观察，就能发现这一点。要注意他们和人接触时的肢体语言，是不是有些迟疑甚至排斥的意味。这种迟疑不定的态度，在他们的生活中经常出现。自卑感强烈的另一个表现是走一步退一步。很多人都是这种情况。

我们的主要目标就是训练他们摆脱迟疑的态度。打击并不是最好的方法，鼓励才是。一定要让他们对自己的能力和潜能产生信心，让他们相信自己有能力面对人生中的问题和困难。这是消除自卑、建立自信的唯一方法。

隐藏的自卑情结

我们不妨来研究一下心理机制的功能及其失调。除非自卑感强烈，否则每个孩子都会站在对人生有益的一面，努力让自己成为一个对社会有用的人。为了实现这一目标，孩子会对他人感兴趣。所谓社会适应和社会感，就是对自卑做出正常的补偿，或者说正确的补偿。从某种意义上讲，这是追求优越感的必然发展方向，孩子如此，大人也是如此。

没有人会把"我对别人不感兴趣"这样的话宣之于口，为了证明世界是无趣的、人生是无意义的，他或许会这样做，但一定不会这样说。不仅如此，他还会给自己的行为找到冠冕堂皇的借口。他不想让别人知道自己缺乏社会感、无法融入社会，为了掩盖真相，甚至会说一些"我对他人感兴趣"之类的话。这种行为足以证明社会感的普遍性。

然而，社会适应不良的情况又确实存在。我们可以通过对边缘病例的研究，探寻这种情况的起因。边缘病例指的是，有些人有自卑情结，但是由于环境友好，自卑情结没有显露出来，而是处于隐藏状态或带着隐藏的倾向。所以，当我们仔细观察一个在顺境中身心愉悦、志得意满的人，总能从他的言行、思想或表情态度中看到自卑感的痕迹。换言之，自卑感总会以某种方式表现出来。自卑情结是自卑感被夸大的结果。有强烈自卑感的人，不得不想尽办法摆脱利己思想带来的巨大负担。

有个现象很有意思，即有人会隐瞒自己的自卑情结，有人却直接承认："我很自卑。"承认自己有自卑情结的人，为自己的坦诚而洋洋自得，觉得自己比别人更高尚，因为他们承认了别人不敢承认的事情。他们真心实意地对自己说："我没有隐瞒自己的缺点，我是一个诚实的人。"需要注意的是，他们在承认自己有自卑情结的同时，也做出了这样的暗示：我会出现这样的问题，是因为人生中遇到了太多的困难和坎坷。他可能会谈到一场事故、父母的家庭、被夺走的权力地位、糟糕的教育、受到的压迫或者其他一些事情。

隐藏的自卑情结和优越情结是一种互补关系。有隐藏自卑情结的人，通常有傲慢、自负、捧高踩低等性格特点，相比于行为，他们更看重外表。

在早期追求优越感的过程中，这样的人会有一些怯懦的表现，后来他们以此为借口，为自己的失败开脱。他们说："我要不是这么胆小，肯定什么都能做！"这种以"要不是"开头的句子，通常都带着隐藏的自卑情结。

自卑情结还表现出以下特点：谨慎，狡猾，浮夸，排斥人生中的任何困难，喜欢在那种有无数原则和条例限制的狭小空间内活动。喜欢靠着柱子，也是自卑情结的一种表现。这些不相信自己的人经常会培养一些奇怪的兴趣爱好，比如把所有时间都浪费在收集小广告或报纸上。他们总是能原谅自己的这些行为。他们训练自己做很多无意义的事，如果不能改掉这些恶习，早晚会出现强迫症的症状。

一般来说，每个问题儿童，不管他表现出来的是什么问题，身上都有隐藏的自卑情结。懒惰的一种表现是排斥人生中的重要任务，所以也是自卑情结的一个特征。撒谎是不敢说真话，偷窃是利用他人的粗心或不在场。孩子身上的这些问题，都是以自卑情结为起点的。

　　自卑情结发展到一定程度很容易引起神经症。还有什么事情是焦虑症患者做不了的？他也许想让别人一直陪在他身边，如果这就是他的目的，那他已经得偿所愿了。他需要别人的照顾，以此来控制他人。这是自卑情结转换成优越情结的过程。别人必须为他服务，他用这种方法获得优越感。在精神错乱者身上，也能看到这样的过程。

　　当自卑情结发展出抵触规则的行为，他们的人生就会陷入泥沼，他们只能在幻想中取得成功。在虚幻的世界中，他们可以随心所欲地功成名就。在以自卑情结为诱因的病例中，凡是心理机制没能在社会轨道和对社会有益的方面发挥良好作用的，都是因为个人缺乏勇气。

　　由于懦弱，他们在融入社会的道路上困难重重。他们的智慧也不足以了解社会道路的必要性，不足以了解社会道路对个人和全人类产生了怎样的重大影响。

从自卑到反社会

　　犯罪分子身上的自卑情结表现得最明显，因此，我们可以在犯罪行为中找到充足的证据来证明以上论述。罪犯在融入社会这件事上表现得怯懦笨拙。这种怯懦和笨拙是同一症状的两面，现在又汇集到了一起。以酗酒者为例，酒鬼之所以选择用酒精麻痹自己，是因为他想要摆脱现实生活中的问题，于是心甘情愿地把自己埋在人生的无意义方面，这是懦夫的选择。

这种人的社会常识、知识结构和世界观没有任何相通之处。但是正常人能以勇敢的态度面对人生，靠的就是这种社会常识。犯罪分子总是说工作辛苦、薪水微薄；自己的失败都是他人的责任；社会冷漠无情，没有给自己提供任何支持；自己会犯罪，是因为肚子太饿，无法违背肠胃的命令。在接受审判时，他们总能为自己的罪行找出各种借口，就像残杀孩子的罪犯西克曼那样，他说："我只是按照上面的命令行事。"还有一个罪犯在接受审讯时说："那个孩子是我杀的，可是世界上有千百万的孩子，少了这一个又有什么关系？他有什么特殊价值吗？"就这样，他把自己变成了一位"哲学家"。在他看来很多有价值的人都在挨饿，即便是杀死一个有钱的老太婆，也算不得什么坏事。

这种逻辑在我们看来根本行不通，事实也确实如此。懦弱限制了他们对目标的选择，无意义的目标限制了他们的世界观。真正有意义的人生目标，是不需要浪费唇舌加以解释的，可是他们总是在为自己寻找开脱的借口。

关于社会态度和社会目标是如何转化成反社会态度和反社会目标的，我们可以举几个例子来说明。第一个例子的主人公是个14岁左右的小女孩。她家世清白，父母都是本本分分的老实人。她父亲非常勤劳，一直是家里的顶梁柱，可惜积劳成疾，卧病在床。她母亲温柔贤良，细心地照料着家里的几个孩子。

她上面有两个姐姐。长姐聪明灵秀，可惜 12 岁就夭折了。二姐病了一段时间，现已痊愈，还找了一份工作帮忙养家。我们所说的这个小女孩是家里的第三个孩子，名叫安妮，身体一直很好。母亲忙着照顾丈夫和两个生病的女儿，对安妮难免有所忽视。安妮还有个弟弟，是个机灵的小家伙，只是身体也不太好。最后，安妮发现，比自己大的、比自己小的都得到了母亲的宠爱，只有她被挤到了一边，像个无足轻重的外人。她是个好孩子，但是她总觉得自己得到的关爱比别人少。她非常沮丧，因自己受到忽视而满腹怨言。

安妮在学校里表现优异，一直名列前茅，老师同学都很喜欢她，还跳了级，13 岁就上了高中。可是到了高中之后，她发现身边的很多同学都比她优秀。老师不再表扬她，她的成绩开始不断下滑。

初中时，她得到了全体师生的喜爱，但个体心理学家可以发现，在这个时候她就有了一些较为隐蔽的原型问题。她总是批评她的朋友，想要控制或者领导他们。她想要成为备受瞩目的焦点，想让所有人都围在她的身边奉承她，却无法接受别人的指责。

安妮以获得他人的称赞为人生目标。她发现自己在学校能够得到那些在家里得不到的东西。可是上了高中之后，一切都变了。老师对她的评价很低，似乎不太喜欢她，同学也不再围着她转。她开始逃学，好几天都不去上课，学习成绩越来越差，最后被学校开除了。

之后的事，不难想象。学校生活是女孩唯一的骄傲，可是现在，她最后的一根支柱坍塌了，她开始觉得自己什么都做不好，是个彻底的失败者。由于被学校开除，她在家里原本能得到的那一点点赞赏也消失无踪了。她受不了这种情况，离家出走，把自己的人生弄得一团糟。

对于这种类型的人，最好的应对方式就是以强烈的同情心，设身处地地站在他们的角度上思考问题。这个女孩的生活重心只有一个，就是竭尽所能地得到他人的肯定，这种渴望十分迫切。想象一下，如果你也是这样的人，你会做什么？在思考这个问题时，还要注意代入目标对象的年龄和性别，这一点很重要。当你理解了她的渴求，自然也就知道了正确的应对方式：尽量鼓励她，让她朝着对社会有益的方面发展。如果能从外界获得一些勇气，这些人就可以学着在有益的方面磨炼和引导自己。当自卑情结和懦弱牵扯到一起，很容易就能毁掉一个人。

假设遇到这种情况的，是一个和这名女孩同龄的男孩，他很可能会走上犯罪道路。这种情况并不少见。如果一个男孩在学校里丧失了勇气，他离开学校成为流氓、混混，甚至犯罪分子的概率相当高。当他对学习彻底失去信心，他就开始迟到早退，不做作业，伪造假条签名，找逃学的去处，并在那里遇到很多和他有同样经历的人，成了他们的一分子。他对学校越来越不感兴趣，越来越多地发展出一种个人的理解力。

有自卑情结的人总是有这样的想法——我没有天赋。这种想法本质上其实是认为，有些人生来就有一些别人没有的能力。这也是自卑情结的一种表现方式。按照个体心理学的原理，每个人都有完成任何事的能力，如果哪个男孩或女孩认为这一原理在自己身上并不适用，觉得自己无法实现人生价值，那他（她）一定有自卑情结。

　　自卑情结的另一个表现是，相信性格特征来自遗传。如果这种说法是对的，也就是说，天生的才能决定了人生的成败，那么心理学家还有什么用？事实上，决定一个人能否成功的是勇气。将绝望变成希望，让人因为希望而振奋精神、充满斗志，这是心理学家的首要任务。

　　有这样一个案例：一个16岁的孩子由于被学校开除，在绝望中选择了自杀。他想用自己的死来控诉这个社会。他想用这种方式来肯定自己，只是这种自我肯定依靠的是个人理解，而非社会常识。当你发现一个人对生活失去了希望，一定要劝慰他，给他一些勇气去选择有益的道路。

　　相关的例子还有很多，比如有个11岁的女孩，在家里受到忽视。她觉得兄弟姐妹都比她受宠，只有她那么多余，像是捡来的。她变得暴躁、易怒、倔强、吵闹。这种变化其实很容易理解，她想要引起父母的关注，得到家人的宠爱。可是她所有的努力都归于失败，最后她绝望了，开始偷窃。个体心理学家认为，偷窃对孩子来说算不得什么罪大恶极的行为，只是孩子为了充实个人生活而采取的下意识行为。这种充实行为往往和被剥夺感密切相关，也就是说，人往往是因为感觉自己被夺走了什么，才想要充实自己。促使她偷窃的，是不被关爱的绝望。我们发现，孩子偷窃的欲望通常是在觉得自己被夺走了某些东西时产生的。这种感受或许无法说明实际问题，但也揭露了某些行为的心理原因。

还有一个例子是个8岁的男孩，他是个普通的非婚生子，和养父母生活在一起。养父养母对他非常冷漠。他生活中唯一的暖色，就是养母偶尔会给他一颗糖。当养母不再给他糖时，这个孩子很伤心。后来，养父养母生了一个女孩，养父喜爱自己的女儿，对她关怀备至。他们之所以继续把男孩养在家里，是因为把他送出去需要花费额外的抚养费。养父每次回家，都会给女孩带几颗糖，却一颗都不给这个男孩。男孩于是开始偷吃糖果，他这么做，其实是为了充实自己，因为他觉得自己的权利被剥夺了。

他偷吃糖果的事被发现后，养父狠狠地揍了他一顿。可是不管挨了多少打，他都没有改掉这个习惯。有人可能认为他这样挨打都不肯悔改，说明他够倔强、有勇气，然而事实并非如此，他也并不想被发现。

在这个例子中，男孩受到了错待。他从未像正常孩子那样生活过，没有受到父母的怜惜和宠爱。对于这样的孩子，我们必须让他过上正常孩子的生活，给他机会，鼓励他。当他学会了换位思考，学会了理解他人的感受，就会知道养父看到他偷窃时的愤怒，妹妹发现糖果消失时的伤心。在这个例子中，我们看到的是缺乏勇气、缺乏理解和缺乏社会感合在一起的情况，根源就是一个被排斥的孩子产生的自卑情结。

自卑引发的病态行为

想要真正理解人性,首先必须明白人生中此起彼伏的艰难险阻对心灵正常发展的重要作用。社会感充足的人,越了解人性,就越能帮助他人,而不是伤害他人。我们不该责备有生理缺陷的人、脾气暴躁的人,因为他们也不想这样。我们必须承认他们有发怒的权利。既然我们没有及时采取措施,防范这种悲剧的发生,那么对于他们的悲惨处境,我们自然也是有些责任的。如果大家都能坚持这一立场,社会环境就会得到极大的改善。

不要把这样的人当成没有希望的废物,不要忽视他们的价值和潜力,请把他们当成自己的同类,为他们创造一个平等的环境,给他们提供同等的机会。看到一个有严重生理缺陷,比如口眼歪斜的人站在你面前,你会不会觉得不适,你会像对待正常人一样对待他吗?这是衡量一个人有没有教养、社会价值感是否公正、社会感是否真挚的绝佳标尺。我们可以由此推断这个人在人类文明的发展中扮演什么角色。

先天就有生理缺陷的人所承受的生存压力,生来就比正常人要大,所以他们的世界观也大多比较消极。还有一些人,虽然没有明显的生理缺陷,却因为他人的原因而变得自卑,结果和那些先天残疾的孩子一样有着强烈的悲观情绪。在孩子成长的过程中,过于严苛的教育很容易导致这种结果。童年创伤会在孩子心里留下难以磨灭的印记。他们所受的冷遇会阻碍他们与他人的交往和沟通。他们相信这个世界就是冷漠的、残酷的，自己和这个世界没有接触点和共通之处，所以无法建立关系。

有这样一位病人，他为了引人注意，总是在强调自己的责任心很强，自己的行为有多重要。他和妻子生活在一起，两个人的关系很糟糕，任何一点小事，都能成为两人争执的导火索，比如，头发是粗还是细，汤勺是大还是小，他们都想赢过对方。无休无止的争吵指责，伤人伤己的羞辱谩骂，使两人越走越远。丈夫仅存的那点对同类的社会感，在对优越感的迫切渴望中消磨殆尽，至少他的妻子和朋友是这样想的。

经过深入了解，我们发现他年轻的时候发育缓慢，17岁还没变声，没有体毛，也没有胡子，是全校最矮的男生。现在他36岁，老天爷已经把在他身上落下的工作全部补齐，他看起来（至少在外表上）是个典型的男子汉。可是在长达八年的时间里，他一直因发育迟缓而备受折磨。那时候，老天爷并没有告诉他发育迟缓只是暂时的现象，他不知道自己会不会永远停留在儿童阶段，为此饱受煎熬。

在那个时候，他现在的性格特征就已经初露端倪。他装腔作势，好像自己是个举足轻重的人物一样。他这么做，只是想要引人注意。随着时间的推移，他现在的性格特征慢慢成型。结婚之后，他希望妻子能看到一个比她想象中更加伟岸英明的丈夫，真心实意地觉得他非常重要，并为此付出了极大的努力。可是，妻子却一心想让他明白，他严重高估了自己。在这种情况下，他们的婚姻怎么可能幸福完美？事实上，在订婚的时候，裂痕就出现了。终于，在一场社会动荡中，他们的婚姻走到了尽头。婚姻失败严重打击了他本就岌岌可危的自尊心。他就是在这个时候找到我们求助的。如果他想要有一个较为幸福的人生，唯一的办法就是学会理解人性，学会评价他在生活中所犯的错误，并认识到，到目前为止，对自身所处不利地位的错误评估已经影响了他的整个人生。

第十二讲

▽

每个人都在追求优越感

达成既定目标,可以让人获得优越感和成就感,这是创造人生意义、提升人格的主要手段。正是因为有了这种目标,人才有了价值感。价值感可以有效地联结和调节我们的情绪,引导我们想象力和创造力的发展方向,告诉我们什么事情需要铭记于心,什么事情需要抛诸脑后。由此可知,个人心理活动(诸如感觉、情感、情绪、想象)的价值不是一个定量,而是相对的变量。这些活动会受到我们努力为之奋斗的目标的影响。

优越感的确立

人生目标是由自卑感、欠缺感和不安全感共同决定的。孩子从一出生就表现出想要引起他人和父母注意的倾向。我们发现,正是在这一阶段,自卑感慢慢唤醒了想要获得认可的迫切愿望。很明显,获得优越感、改善自身处境的人生目标,也是在这个时候建立起来的。

　　社会感的程度和质量都有助于确定追求优越感这一目标。想要公正地评价一个人（无论大人还是孩子），首先必须弄清楚在他身上发挥更大作用的是社会感，还是追求优越感的目标。达成既定目标，可以让人获得优越感和成就感，这是创造人生意义、提升人格的主要手段。正是因为有了这种目标，人生才显得有价值，它可以有效地联结和调节我们的情绪，引导我们想象力和创造力的发展方向，告诉我们什么事情需要铭记于心，什么事情需要抛诸脑后。由此可知，个人心理活动（诸如感觉、情感、情绪、想象）的价值具有相对性。这些活动受到我们努力为之奋斗的目标的影响，是个人真实思想的决定性因素。反过来说，真实目标隐藏在人的心理活动中。

　　人在确定方向时，通常要有一个固定点作为参照物。这个点并不是客观存在的，而是人们虚构出来的。之所以要虚构出这样一个点，是因为我们精神生活的欠缺。这和其他学科提出的假设很相像，比如地理学用虚构的子午线来划分地球上的不同区域。子午线虽然并不真实存在，却非常有用。在解决心理问题时，也需要假定这样一个固定点，哪怕进一步的观察证明这个点并不存在。这样做的好处是，人们可以在混乱中找到方向，对相对价值有所认识，并可以根据这个固定点，对我们的所有感觉和情绪进行分类。

　　个体心理学以此为依据，建立了一套颇有启发性的体系和方法——把人类行为看成一个关系群。对确定目标的追求，让人走到一起，形成团体，而目标确立的基础是人这种生物体的基本遗传潜能。经验表明，每个人都有自己的人生目标，这种假设不仅合理，还符合很多切实存在的事实——无论是有意识的事实还是无意识的事实。所以，精神生活的有目的性（追逐目标），不但是一种哲学假定，而且实际上是一个基本的事实。

追逐权力是人类文明最大的弊端。当我们探讨如何才能最有效地阻止这种弊端的发展时，赫然发现这个问题非常棘手，几乎是无解的。因为人在很小的时候（沟通都很困难的婴儿期），就已经有了追逐权力的倾向。我们只能等孩子稍大一点，再试着矫正、消除这种倾向。可是这个时候，即使我们和孩子朝夕相处，也很难进一步发展他们的社会感，并借此消除他们对个人权力的渴求了。

还有一个难题，孩子不会公开展现自己对权力的追逐，而是给它披上一件柔情和友情的外衣。孩子们谨慎地掩藏自己的真实想法。放任孩子随心所欲地追逐权力，会严重阻碍孩子精神的发展。追逐安全和力量的欲望急剧膨胀会使勇敢变成鲁莽，使遵守规则变成胆小怕事，使柔情变成俘虏他人、控制世界的诡诈手段。到最后，自然的情绪或表达全都成了伪善，最终目标就是超越他人、征服一切。

心灵会启动补偿机制，以缓解令人痛苦的自卑感。这种情况在有机体领域并不少见。众所周知，当我们身体的某些重要器官受到损害，无法维持正常功能时，这些器官就会产生增生或能力强化。因此，在血液循环受阻时，心脏会聚集全部力量，变得比正常心脏更大，跳得更有力。同样，精神在自卑感或自觉渺小孤立之类想法的重压下，也会尽全力打败自卑情结。

如果自卑感过强，孩子会担心自己的力量不足以补偿自卑情结，这是非常危险的。因为他在补偿自卑时，多半会用力过度。这时力量的平衡已经无法满足他们了，因为他们的目标就是过度补偿。

对权力过度的乃至病态的渴望，会使人无法满足于平凡的生活环境。在这种情况下，个人的行为表现会变得夸张，这和他的目标是相符的。通过对极端渴望权力的患者的研究，我们发现，那些迫切渴望安全生活并为之付出了极大努力的人，比别人更加急躁、鲁莽、缺少温情和同情心。为超越他人而做出的种种夸张行为，使这些孩子获得了更多的关注。他们不允许任何人、任何事影响自己的生活，为此不惜破坏他人的生活。总之，他们选择和这个世界对抗。

从最坏的意义上说，这并不是必然要发生的。追逐权力是人的正常欲望，并不一定要和社会发生直接冲突。但是，仔细研究了野心家的行为和成就之后，我们发现，他们的成功对社会毫无益处，因为他们的理想只和自己有关，和他人的利益完全无关。不仅如此，这种自私的野心还会破坏他人的生活。时间长了，他们的人格中还会出现一些其他特征，这些特征带有明显的反社会色彩，而且越来越明显。这是我们从全人类的角度出发所得出的结论。

在这些特征中，最突出的莫过于虚荣、自大、不惜一切征服他人的渴望。征服他人可以通过获取高位和鄙视他人来实现，换句话说，征服他人的关键是拉开和其他同类之间的距离。这种态度使他不断地接触人生的阴暗面，体会不到人生的乐趣，他身边的人受不了，他自己也不痛快。

有些人竭力追逐权力，是为了保证自己对环境的影响力，然而，过度追逐权力很容易使他们对平常的工作和责任产生抗拒心理。只要将这种极端渴望权力的人和理想的社会人加以对照，就很容易判断出他们的社会指数，也就是他们和别人的疏远程度。如果我们对人性足够敏锐，知道生理缺陷对自卑情结的重要性，就会明白，这种性格特征的产生和心理发展受到抑制有很大关系。

不安全感和自卑感是人追逐权力的基础力量。想让一个人摆脱不安全感和自卑感，要从各个方面入手。例如，在生活上，需要有意或无意地补偿不安全感，要让他学会生活的技巧，训练他的理解力，引导他掌握与人交往所必需的社会感。无论自卑感和不安全感的源头是什么，以上方法多少都能缓解这种情况。性格特征就像一面镜子，可以反映出个人的心理活动，所以，想要评价一个人的心理活动，就必须先了解他的性格特征。人如何评判、衡量不安全感和自卑感，是由他对不安全感和自卑感的理解决定的。这个标准跟人在生活中处于什么地位无关，即使他真的处于不利的地位，且深受这种情况影响，也一点不会改变。

无论身处什么环境都能正确评价自己，这种事情连大人都做不到，更别说孩子了。困难由此进一步加大。孩子的成长环境十分复杂，当然，有些孩子能够较为清楚地认识到自己的处境，有些孩子却认识不到。整体来说，随着时间的推移，孩子对自卑的理解也会慢慢以较为清晰的状态固定下来，这成了他对自己所有行为的自我评价的常量。他以这个常量为依据，确定自我补偿的方向。

"自卑"与"优越"是一体的

需要注意的是，加在"优越"和"自卑"后面的"情结"这个词，只是用来说明探求优越和自卑表现的夸张状态。站在这个角度上，很容易就能解释为什么优越情结和自卑情结这种显而易见的敌对情绪会同时出现在一个人身上。因为自卑感和优越感，跟正常的情绪一样，显然是互补的。正是因为感到现在的不足和缺憾，才有了对成功和优越的追逐。我们知道，情结是从自然情绪中发展起来的，如果情结中有矛盾，那么自然情绪中必定也有同样多的矛盾。

对优越的追求是永无止境的，它是构成人的精神和思想的基础元素。我们说过，人之所以能将人生目标转化成一个个切实可行的计划，并加以施行，就是因为追求优越的驱动。它就像一条溪流，会带走它所遇到的一切。有些孩子很懒，一点也不喜欢运动，好像什么事都无法激起他们的好奇心，但你只要留心观察他们，就会发现，他们虽然不爱动，却也要受优越感的驱使。他们会说："我要不是这么懒，我总统都能当得上。"由此可知，只有达成了特定的条件，他们才肯去努力、运动。他们的自我评价非常高，觉得自己在有价值的生活上完全可以大有作为，只要……

当然，这只是他们的空想，自欺欺人而已。但是，我们知道，人们常常满足于虚假的幻境，缺少勇气的人尤其如此。他们不相信自己的能力，畏惧人生中的困难，所以用幻境来麻痹自己，让自己有一种强大和聪慧的错觉。

有些孩子会成为窃贼，也是因为优越感作祟。趁人不备偷走别人的钱财或物品，还有比这更轻松的赚钱方法吗？他们洋洋自得，像是做了什么了不起的事情。很多犯罪分子都有这样的优越感：觉得自己是英雄，比别人厉害。

这种优越感与社会意识、公共意识无关，它的基础是个人智力系统。杀人犯只是在个人意识的层面上觉得自己是个英雄，其实他根本不是一个勇敢的人。他没有足够的勇气，为了逃避人生困境，只能做这样的事。由此，我们可以得出结论：犯罪行为的根源不是原始的或本性的恶，而是优越情结。

在一些有心理问题的人身上，我们可以看到这样的特点。比如，失眠的人觉得自己无法正常完成工作，是因为睡眠不足、精力不济，甚至觉得，别人根本不该在这种情况下要求他照常完成工作。他哀叹连连，说："我要是睡足了，什么干不了？"

这样的情况在焦虑症患者身上也能看到。焦虑把他们变成一个高高在上的暴君。不，更准确的说法是，这位暴君把焦虑当成控制他人的武器，他们总是需要他人的陪伴，随时随地，无论做什么都要别人陪在身边。陪他们的人要对他们唯命是从，不能提出任何要求。

精神错乱的人和抑郁的人往往会得到全家人的关注。在他们身上，我们可以看到一股由自卑情结控制的强大力量。这力量连身体强壮的健康者都比不上,而他们本人也许虚弱消瘦。这没什么可惊讶的,毕竟在我们的文明中,虚弱的人也可以强而有力。要说在我们的文明中什么人最为强大,那最合逻辑的答案应该是"婴儿"。因为婴儿可以随心所欲地控制他人,却不受他人控制。

现在,让我们以一个有优越情结的问题儿童为例,研究一下自卑情结与优越情结之间的关系。这个孩子骄傲自大,喜欢争斗,总想超越其他孩子,让大家都听他的。我们知道,脾气暴躁的孩子为了压制别人,总是先下手为强。他之所以这么急躁,就是因为他不相信自己有达成目标的能力。也就是说,他内心深处其实是有些自卑的。研究了一些打架的例子之后,我们发现,好斗的孩子都有自卑情结,以及摆脱自卑的强烈愿望。为了让自己看起来更强大,他们只好踮起脚尖,用这种简单粗暴的方式获得优越感、骄傲和成功。

孩子之所以有这样的行为,是因为他们没有看到,也没有意识到人生的连续性和事物的自然秩序,所以我们不应该责怪他们。如果让他们直接面对这个问题,他们不会承认自己自卑,反倒会强调自己的优秀和强大,所以,我们必须温和地陈述自己的观点,慢慢地引导他们认识这些问题。

喜欢炫耀的人,可能是觉得自己无法在人生有意义的方面和他人竞争,所以有了自卑心理。若非如此,他也不会总把注意力放在人生无意义的方面了。他无法友好地接触社会,融入社会,面对人生中的社交问题,总是无所适从,不知该如何处理。这样的人小时候多半很难和父母老师和谐相处。

优越情结和自卑情结经常联结在一起。有心理问题的人总是表现出优越情结，却不知道自己也有自卑情结。

如果父母偏心一个孩子，家里的其他孩子就会有自卑情结，并努力追求优越感。这个时候，只有把注意力更多地放在他人而非自己身上，才能有效解决人生困境。但是，有强烈自卑情结的人会觉得自己的处境危机重重，相比于关心他人的利益，他们当然更加关心自己的利益，如此一来，就会出现社会感不足的情况。他们带着情结看待人生中的社交问题，但这种情结无法解决任何问题。他们走向了人生的无用面，可是我们都很清楚，这是一种虚假的摆脱，他们把别人当成依靠，没有真正解决问题。由此可知，这并不是真正摆脱束缚的方法。他们像乞丐一样，把生存的希望寄托在他人的怜悯之上，用自己的软弱来寻求舒适。

只要感到软弱，就不再对社会感兴趣，转而追求优越感，这是人性的共同特点，大人小孩都是如此。他们想用一种不需要社会感，却能获得个人优越感的方式来解决人生问题。如果一个人在追求优越感的时候，能把优越感和社会感结合在一起，那么他多半能在人生有意义的方面取得不小的成就。可他如果缺乏社会感，也只能说是还没做好面对现实生活的准备。前文说过，自杀者、罪犯、精神错乱者和问题儿童都属于此列。

关于优越情结和自卑情结的问题，在讨论这两个情结和正常人的关系之前，我们不该轻易得出一般性结论。我们知道，每个人都有自卑情结，这不是病，相反，这可以激励正常的、健康的发展和奋斗。只有被自卑情结完全控制，感觉不到正面刺激的人，才会放弃努力，变得沮丧忧郁。这时，自卑感才发生质变，成了疾病。有自卑情结的人，往往会发展优越情结以逃避人生困境。

他虽然不够优秀，却可以想象自己是优越的。这种虚假的成功可以在一定程度上缓解他内心强烈的自卑感。正常人别说优越情结，可能连优越感都不会有，但仍然为了得到优越感——人人都有的想要成功的伟大梦想——而努力奋斗。我们必须明白，通过事业表现出来的奋斗，绝不会产生虚幻的价值观，虚幻的价值观是精神疾病的源头。

幻想中的强大（案例一）

接下来，我们以一位强迫症患者的情况来说明这个问题。有个年轻的女孩由于姐姐太过优秀，产生了强烈的自卑心理。如果家里某个人格外出众，其他人就会受到消极影响，这一点从一开始就很重要。其实，无论格外出众的人是谁，母亲、父亲、还是某个孩子，结果都一样。这个家庭的其他人会因此落入艰难的境地，有时这种困难甚至会让他们觉得无法承受。

这个女孩就是在这种有些艰难的环境中长大的，姐姐容貌俊美，光彩夺目，得到了大家的喜欢和称赞，与之相比，她就像一颗不起眼的小石子。在这种情况下，如果她知道我们所掌握的人性知识，对社会有一定的兴趣，倒也可以正常发展下去。可惜事实并非如此。

她学习音乐的时候非常紧张，总想着大家对姐姐的称赞，结果产生了自卑情结，学业也因此停滞不前。在她20岁那年，姐姐结婚了，她想和姐姐攀比，开始物色丈夫的人选。就这样，她越陷越深，朝着人生的无用面直冲过去。最后，她产生了这种想法：我是一个邪恶的女孩，拥有把人送入地狱的魔力。

这种魔力，可以说就是她的一种优越情结。有些富豪总是抱怨，当富豪有多么辛苦和悲惨。这个女孩也是如此，她总是抱怨拥有能把人推入地狱，或者从地狱中拯救出来的、神一样的力量，是一件多么悲惨的事情。这种想法虽然荒唐可笑，但她可以通过这种虚假的幻想，让自己相信："姐姐虽然受宠，却不像我这样拥有强大的力量。"只有这样，她才能打败姐姐。至于她为什么要抱怨自己"拥有"的力量？倒也不难理解，因为她越抱怨，人们就越容易相信她确实有这种力量。如果她称赞这种力量，别人会觉得她在吹牛。所以，她用抱怨来表达自己对这种命运的认可。由此可知，优越情结可能处于隐藏状态，在现实生活中并未得到认可，但它又确实存在，作为对自卑情结的一种补偿。

现在我们要说的是那位备受宠爱的姐姐。她比妹妹大三岁，也就是说，有三年的时间，作为家里唯一的孩子，她一直是父母注意力的中心。可是妹妹出生后，她的处境发生了巨大的改变，她不再是家里的核心，地位忽然下降了。所以，她变得争强好胜。但是，这种争强只发生在对手较弱的情况下，也就是说，她只和比自己弱的人争。由此看来，争强好胜并不是真正的英勇无畏。如果处在一个每个人都很强的环境里，好胜心只会让她变得暴躁或抑郁。要是这样，她在家里也就没那么讨人喜欢了。

妹妹出生后，姐姐忽然发现自己不再是家里的核心。家人态度上的变化，让她越发坚信这一点。她会直接攻击母亲，这不难理解，由于是母亲带来了另一个孩子，她觉得母亲是有罪的。

作为新生儿的妹妹，此时根本不必为了争夺宠爱劳心费力，因为她就处在受宠的位置上，婴儿是必须受到照料和关爱的，否则无法存活。于是，妹妹成了家里的核心，成了一个甜美、温馨、讨人喜欢的小女孩。有时候，顺从也是一种很有征服力的美德。

现在我们不妨再来看看，甜美、温馨和友善是不是人生的有用面。假设她这么温顺可爱，是因为自己备受宠爱。但是我们的文明并不欣赏被宠坏的孩子。有时，父亲会意识到这种情况必须终止，并采取了切实的行动，有时，是学校负起了这样的责任。这样的孩子一直处在危险状态中，他们因此产生了自卑感。在顺境中，这种自卑多半处于隐藏状态。但在逆境中，他们就会变得抑郁或发展出优越情结。

自卑情结和优越情结有一个共同点，即两者都是人生的无用面。我们永远都不会看到一个骄傲自大且有优越情结的孩子，会朝着人生中有用的一面努力奋进。

娇生惯养的孩子到了学校之后，会发现当前的环境不如之前友好。这时，他们会以一种迟疑的态度来对待人生。这样的孩子很少善始善终地做完一件事。前面提到的那个妹妹就是这样。她钢琴学了一半，就扔到一边，转去学缝纫，可是缝纫学了没多久也放弃了。与此同时,她对生活也失去了兴趣,整日郁郁寡欢。被人交口称赞的姐姐就像一团乌云笼罩在她头顶,她变得迟疑不定、软弱可欺。

迟疑也影响了她以后的工作,她一事无成,虽然"打败"了姐姐。她在婚姻问题上也犹豫不决。她苦苦寻觅,直到30岁时,才找到了一个合适的男人。她父母不同意他们在一起,因为这个男人患有肺结核。于是,她放弃了。一年后,她和一个整整比她大了三十五岁的男人结婚。这个男人从生理上讲,其实已经算不上"男人"了,这桩虚假的婚姻,根本毫无意义。我们在这种行为中(选择的结婚对象不是太老,就是已有家庭无法结婚)发现了隐藏的自卑情结。自卑的人在阻碍面前会表现得很懦弱。既然婚姻无法满足这个女孩的优越感,那她只能另找出路了。

她坚信世界上最重要的就是保持干净。她不停地洗手,如果碰到了什么人或东西,她会再洗一遍。因为洗得太多,她的手变得很粗糙,手一变粗糙就容易沾染脏东西,结果越洗越脏。

她的表现看起来像是自卑情结,但她却认为自己是世界上唯一干净的人。她总是批评别人,因为他们没有像她那样"勤洗手"。她的人生像是一出自说自话的哑剧,她总想超过所有人。通过这种虚幻的方法,她确实实现了高人一等的目标,她是世界上最干净的人。我们发现她的自卑感转化成了明显的优越感。

同样的情况在野心勃勃的自大狂身上也能看到。有些人把自己当成耶稣或帝王,在人生的无用面煞有介事地扮演着自己的角色。他们被孤立在人生之外。我们可以通过他们过去的经历看到隐藏的自卑。隐藏自卑、获得优越感,是他们以毫无价值的方式展现优越情结的重要原因。

幻想中的强大(案例二)

有个 15 岁的男孩因为有幻觉,被送进精神病院接受治疗。他在幻觉中认为奥地利国王死了,托梦给他,让他统领军队跟敌人作战。毫无疑问,这只是他的胡思乱想,因为有很多报纸对国王在城堡中的生活和出行情况进行了报道。他只是一个瘦弱的小孩子,人们拿报纸给他看,可他仍然坚信国王已经死了,还托梦给他。

当时个体心理学家正在研究睡眠姿势在判断自卑感和优越感方面的重要作用。这个男孩的情况可以很好地验证他们的理论。有些人睡觉的时候像刺猬一样蜷缩在床上,用被子蒙着头。这是有自卑情结的人惯用的睡眠姿势,谁会相信勇气十足的人,是这样睡觉的?同样,如果你看到一个人睡着时腰背挺直,恐怕也不会相信他在生活中是个懦弱无能的怕事之辈。他强大的力量和高贵的品格——不管是潜在的还是表面上的——正如他睡觉时所表现出来的那样一目了然。经过长期的观察,我们发现趴着睡觉的人一般都倔强好斗。

为了证明男孩清醒时的行为和睡眠姿势之间的联系,我们做了一些观察。他的睡眠姿势和拿破仑很像,都是双臂交叉放在胸前,大家应该在照片上看到过拿破仑的睡姿。第二天大家问这个男孩:"你能从这个姿势想到什么人吗?"男孩说:"我的老师。"这个答案实在让人有些摸不着头脑。后来有人说,这个老师会不会和拿破仑很像?事实正是如此。男孩很喜欢这个老师,想成为他那样的人。可是男孩家里很穷,后来他离开学校,被送进一家餐厅当劳工。因为他个子矮,餐厅里的客人都笑话他。他觉得受到了侮辱,想要摆脱。结果,逃到了人生的无用面。

现在,发生在这个男孩身上的这些事都有了合理的解释。一开始,因为餐厅里的客人嘲笑他个子矮,他产生了自卑情结。他希望自己能成为像老师那样的教育工作者,可是在追求优越感的过程中遇到了阻碍,这个目标无法实现,他只能躲开,最后走到了人生的无用面。他得到了优越感,只是在睡梦中。

由此可知,优越的目标不仅能出现在人生中有意义的一面,也能出现在无意义的一面。比如,一个仁慈善良的人可能同时出现这两种情况:一方面,他乐于助人,在社会中有良好的适应性;另一方面,他喜欢吹嘘和夸耀自己。心理学家见过很多这样的人,他们的主要目的就是自我吹嘘、夸夸其谈。

还有一个例子,是一个在学校里表现平平的男孩。他品性极差,经常逃学,甚至偷东西。但在另一方面,他又是个吹牛大王,经常自吹自擂。他所有这些行为的根源就是自卑情结。他把虚荣和无耻当成一种获得优越感的方式,所以他拿钱给失足妇女买花、送礼物。有一天,他驾车到了一个很远的小镇,在那里找了一辆六匹马拉的车,在镇子上得意扬扬地招摇过市,直到被人抓住。他所有的行为都是为了一个目的——让自己看起来比现实中的自己强、比所有人都强。

声称自己很容易就能成功,这种倾向在罪犯身上也能看到。纽约的几家报纸报道过这样一件事,有个小偷闯进一些女教师家里,跟她们辩论,说当小偷遇到的麻烦比那些诚实的普通工作要少得多。这个人为了逃避困难,逃到了人生的无用面,并由此产生了一种优越感。他觉得自己比那些女教师强,尤其是自己拿着武器,而她们手无寸铁的时候。他不知道自己是个懦夫(但我们知道),所以才会逃到人生的无用面。他只是一个胆小鬼,却自以为是个英雄。

有些人为了挣脱世间的苦难,最终选择自杀。他们认为自己敢于死亡,并由此产生了优越感。但实际上,他们只是毫无勇气的胆小鬼。我们知道,优越情结的第二个阶段是补偿自卑情结。我们必须时刻注意寻找这种联系——虽然这看起来很矛盾但却很符合人性,因为这种联系是治疗优越情结和自卑情结的关键。

隐藏的优越感

每个人都想获得优越感,都想要实现自己的优越感。优越感以个人的人生意义为基础,独属于个人的,具有独一无二的特性。需要注意的是,这里所说的人生意义,不是口头上的,而是融入个人生活方式之中的,用生命演奏出的独特乐曲。没人能轻易看穿他人的优越感,因为它更像是一种隐晦的表达,隐藏在生活的细枝末节中,需要仔细挖掘和推敲。理解一个人的生活方式,就像品味一首短诗,每句话、每个字都可能富有深意,需要我们仔细咀嚼和斟酌。每个人的生活方式都是一件复杂精致、意蕴深厚的艺术品,需要心理学家用赞赏的态度深入思索。同样,优越感的建立也是一个复杂的过程,是在持续不断的试探、摸索中形成的,是人生的驱动力,是一种动态的取向,而非恒定不变的固定点。

没人能清晰、准确地描绘出目标的全貌。有些人或许了解自己的职业目标,但职业只是人生目标中很小的一部分。即使目标能被清晰准确地表述出来,通往目标的路也是千奇百怪、不计其数。比如,有个人想当医生,但是当医生的含义并不唯一,是想当内科、外科的专家,还是想在心理层面救治他人?他治病救人的愿望有多强?在帮助、救治他人这方面,他自己有哪些局限性?从本质上说,医生的目标和他为此所做的努力,都是为了补偿自卑情结。我们需要通过他的职业,以及他在其他方面的表现,推测其自卑的源头。

比如,我们发现很多医生都是小时候目睹过他人的死亡,产生了严重的不安全感,于是把成为医生当成自己的职业目标。他们的发展目标是为自己和他人寻找对抗死亡的办法,以此来增加安全感。再比如那些希望将来当老师的人,我们知道每个人当老师的初衷都不一样。社会感不足的,可能想要在较小的范围内成为强者,他们通常只有在比自己更弱、更没有经验的人面前,才能获得安全感和优越感。社会感充足的人,是真心想为社会做些贡献,他们会把孩子当成和自己地位平等的人,像对待大人一样对待孩子。需要注意的是,严重影响教师行为的不只是他们的兴趣、能力，还有他们的心理状态。

目标确立后，人们会不断修改、调整自己的行为，以拉近和目标之间的距离。无论何时，人们都会为了达成人生目标、获得优越感而努力奋斗。

所以，我们在评判一个人时，绝不能被表象迷惑，要看到本质。我们可能改变自己定义目标、表现目标的方式，就像确定目标的表现方式也会发生变化一样，比如每个人都有可能改换职业。所以，我们必须在不同的表现方式中，寻找潜在的共性。这是一种固定特征，不会被表现方式所改变，就像是放在不同位置上的不规则三角形，不会因为摆放的不同就发生变化一样，尽管它们在不同的位置上，给人的感觉并不相同。但只要认真观察，很容易就能发现它们都是同一个三角形。相同的目标有各种不同的表现方式，我们永远不会告诉别人："你只要做到这件事或那件事，就能彻底满足优越感。"追求优越感的方式并不是唯一的，只有精神病人才会只盯着一种方式不放，并说出这样的话："我必须这样做，只有这条路可走。"事实上，越是健康、正常的人，越能找到众多实现目标的新途径。

我们不会草率地描画出任何对优越感的具体追求，但是我们发现所有的目标都有一个共同点——渴望成神。偶尔有些人把"我想成为神"这种想法变成明目张胆的行动。很多哲学家都想成为神，教育家也想把孩子塑造得像神一样。在古代的宗教修炼中，也能看到这样的目标。教徒相信只要自己够努力，就能成神。成神成圣的思想曾经以较温和的方式出现在"超人"

思想中。据说，尼采疯掉以后，曾给斯特林堡[1]写信，说自己是"被钉在十字架上的人"。疯子从不掩饰自己的优越目标，常常大声呼喊："我是中国的皇帝""我是拿破仑"。他们希望自己是举世瞩目的焦点，是万民敬仰的偶像；他们想要掌握预测未来的力量，想用无线电和世界通话，想知道每个人的所思所想，想拥有超自然的能力。

成神的目标也有一些较为合理的表现方式，比如想要成为世界上最有智慧的人。以下这些愿望都源自成神的渴望：想在现实世界中永生不死，想一次次地轮回做人，想在另一个世界（天堂）里得到永生。在宗教世界里，只有神才能永生不死。我们并不想在这里深入探讨这种说法的对错，它是对"生命"和"意义"的一种解释。从某种意义上讲，我们也在利用这种意义来成神或成圣。即便是无神论者，也有成为神或比神更高一等的渴望，这是一种强大的优越感。

需要改变的是目标

把优越感具体化之后，你会发现，现有的生活方式没有任何问题。个人的习惯和特征，完全符合其具体目标。问题儿童、精神病人、犯罪分子、酗酒者都采取了合理的手段，达到具体

---

1. 奥古斯特·斯特林堡（1849—1912），瑞典作家，瑞典现代文学的奠基人。——编译者注

目标，获得优越感。我们无法指责他们的病症，因为有了那样的目标，自然会有这样的病症。

老师问班里最懒的学生："你的成绩为什么总是这么差？"学生说："因为你从不关心那些乖巧懂事的好学生，我成绩差，却能引起你的注意。"只要他的目标一直是给老师制造麻烦，懒惰的习惯就不会消失。因为他要达到自己的目标，就非如此不可。在他看来，这种做法完全正确，改变才是愚蠢的。还有一个男孩，不管是在家里还是在学校都很听话，只是看起来有点笨拙。他有个哥哥，比他大两岁，聪明好动，只是性格鲁莽，经常闯祸。有一次，弟弟对哥哥说："我宁可笨一点，也不要当你这样的闯祸精。"如果愚笨只是他用来避免麻烦的一种手段，不得不说，他其实是个很聪明的人。人们对智力平平的人不会有太高的要求，所以他犯错时，也不会受到过分苛责。这样看来，愚笨只是他装出来的假象，是他达成目标的手段。

无论在医疗上还是在教育上，个体心理学都无法认同这样的说法：治疗针对的是病症本身。如果孩子数学不好，或者经常不完成家庭作业，只看到这些表象，针对这些表象所做的一切努力，都会徒劳无功。根治的办法是找到他的真实目标，是想要引起老师的注意，还是不想上学、希望借此离开学校？如果只纠正表象，他会找其他方法来实现既定目标。这和成人的精神疾病有些类似。比如头痛病患者会把自己的病症当成武器，只要有需要，就会犯病。因为头痛，他有了不参加社交活动的理由。遇到陌生人的时候，需要作重大决定的时候，他的头痛都会发作。他利用头痛,跟家人、下属发脾气。这么好用的办法,你还指望他会主动舍弃?这样看来,头痛不过是他用来实现既定目标的发明创造。就像电击可以"吓走"某些精神疾病一样,我们也可以用一些"骇人听闻"的解释"吓走"他的头痛病。不过,只要既定的目标没有改变,即使放弃了一种病症,他也会另找一种。头痛好了,他会生出其他的病症,比如失眠,等等。

有些人改换病症的速度快得出奇,简直像个精神病症的收藏家,病症表现花样翻新。对他们来说,阅读心理治疗方面的书籍有害无益,因为那只能让他们有了更多可以尝试的新病症。所以,必须探寻他们症状背后的隐藏目标,以及这种目标与优越感之间的联系。只有这样,才能真正解决他们的问题。

如果有人在教室里跟别人要梯子,然后顺着梯子爬到黑板顶上坐着,别人多半以为这个人是疯子。他们不知道他为什么要梯子,为什么要爬到黑板顶上,为什么坐在那样一个不雅观也不合适的位置上。但是如果他们知道以下情况,就不会觉得他是个疯子了,即他坐到黑板顶上,是因为不坐在别人头上就会觉得很自卑,只有居高临下地看着学生,他才有安全感。他实现既定目标的方法切实有效,梯子是合理的工具,爬上梯子、坐到黑板顶上的行为也是按计划进行的。唯一不合理的地方,是他对既定目标的解释。如果有人能说服他,让他相信这个目标是错的,他自然就会放弃这种做法。但是,如果大家只是把梯子搬走了,却没能说服他改变目标,那没有了梯子,他只能用椅子爬上去,如果椅子也被搬走了,那他会选择跳上去。

每个心理出现问题的人其实都是这种情况,方法准确无误,但目标是错的。所以,我们要做的,是改变他们的目标,只要目标变了,他们的心理状态和行为就会发生变化。新目标出现后,人的态度和方法自然也会更新换代。

有个例子刚好可以说明上述情况。一个30多岁的女人因为焦虑和无法与人正常交往,到医院接受治疗。因为工作一直不顺利,直到现在,她还要靠家人的资助过活。她当过秘书、打字员,干过各种小零活,但不知道为什么,老板总是会向她求爱。为了摆脱男人的骚扰,她只能辞职换工作。有一次,她终于找到一个老板对她不感兴趣的工作。可是没过多久,她还是辞职了,理由是老板不重视她。

想要真正了解一个人,就要了解她的童年经历。她告诉医生,她是家里最小的女儿,自小备受父母宠爱。因为家里条件好,几乎她要什么,父母就给她买什么。医生感叹道:"你被照料得很好,就像个小公主。"她说:"是啊,很多人都叫我小公主。"医生引导她说出最早的记忆,她说:"4岁那年,我走到房子外面,看到很多小孩在做游戏,他们蹦蹦跳跳,大声喊着:'巫婆来啦!'我很害怕,跑回家问女佣:'世界上真的有巫婆吗?'女佣点了点头,说:'有,巫婆、小偷,到处都是,他们会悄悄地跟在你身后,把你抓走。'"从那之后,她就不敢一个人待在房间里了。这种恐惧贯穿了她全部的生活方式。她觉得自己非常弱小,时时刻刻都需要家人的照顾和支持。

在她的早期记忆里,还有这样一段经历:"我曾经有一个钢琴老师，是个男人，他想吻我，我吓坏了，跑去找妈妈告状，从那以后，我再也不肯弹钢琴了。"所以，她当时就已经有了要和异性保持距离的观念。想要逃避爱情的人，必须设立这样的优越目标："我不能软弱，不能让人知道我的真实想法。"只有这样，他才能远离爱情、拒绝爱情。

工作中，每次有男人向她求爱，她都紧张得不得了，不知道该如何应对，只能远远地避开。父母去世后，她产生了强烈的不安全感。她和亲戚相处得不好，没人愿意帮助她、照顾她。她指责亲人的冷漠无情，说自己无法独立生存，亲戚只好在她遭遇困难的时候略尽绵薄之力。可以肯定，如果彻底失去亲人的关心，她一定会发疯的。她实现优越目标的方法只有一个，就是强迫亲人照顾她，使她不受生活困扰。她心想："我不是这个星球的人，我的家在另一个星球上，在那里，我是公主。我和地球格格不入，这里的人不知道我的重要性。"如果没有亲人的帮助，她早就疯了。

还有一个例子可以清楚地看出自卑情结和优越情结之间的关系。有一个16岁的女孩因为品行不良（7岁开始偷窃，12岁开始夜不归宿）被送到医院里接受治疗。她两岁时，父母就离婚了。她和母亲还有外婆一起生活，只有外婆对她好。她出生时，父母的感情已经降到冰点，一天到晚吵个不停。所以，母亲根本就不喜欢她，从未给过她一丝半点的温情和关爱。

一番友善的交谈之后，女孩透露："其实我根本不想拿别人的东西，也不愿意和那些男孩一起东游西荡。可是我必须这样做，我要让母亲知道，她管不了我。"医生问她："你恨你的母亲，想要报复她是吗？"她说："是的。"她想证明自己比母亲强，但如果她真的觉得自己比母亲强，就不需要树立这样的目标了。母亲的冷漠让她变得自卑，到处惹事，是她获得优越感的唯一办法。很多时候，孩子偷窃、闯祸，其实是为了报复父母。

下面这个案例的主人公是个15岁的小女孩。她失踪了八天才被找到。在少年法庭上，她当着大家的面，编了一个十分荒唐的故事，说自己被一个男人绑架了，整整八天都被那个人捆着手脚关在一个房间里。警察问她到底发生了什么事，她非常生气，又哭又闹，还动手打人。了解情况的医生故意问了一些不相干的问题，想要瓦解女孩的戒心。后来，医生又问她有没有做过什么印象深刻的梦。她笑着说："我梦见自己离开地下酒吧，妈妈忽然出现在我面前。我刚要说话，就看到爸爸也来了。我很害怕，让妈妈赶紧把我藏起来，不要被爸爸发现。"女孩害怕父亲，对父亲存有敌意，她说谎是因为害怕被父亲责罚。当我们看到说谎的案例时，首先要做的就是调查说谎者的父母是否非常严厉。只有说真话有危险时，说谎才有意义。这件事也表明，女孩和母亲还有合作空间。后来，女孩承认自己是在别人的引诱之下去了地下酒吧，在那里待了八天。父亲的严厉使她失去了说真话的勇气，但她又想让父亲知道这件事。她总觉得自己受到了父亲的压制。在父亲面前，她获得优越感的唯一方法就是伤害他。

我们要怎么做，才能帮助这些沿着错误途径寻找优越感的人？如果我们能明白对优越感的追求是人类的一种惯性行为，这个问题也就不那么难以回答了。因为知道这一点，我们就能设身处地理解他人的痛苦和纠结，知道他们只是选错了努力的目标，以致行差踏错。

人类踏出的每一步都含有对优越感的追求，这是人类文明发展进步的源泉。人类的全部行动都沿着这样一条主线行进：从上到下、从消极到积极、从失败到成功。但只有那些以共赢的方式（为自己的目标奋斗的同时兼顾他人的利益）努力奋斗的人，才能应对、解决人生困境。我们如果能用这种方式生活，很容易就能明白：合作是人类最明显的共同特征，是人类衡量一切价值和成功的标准；我们对理想、目标、行为、性格特征最基本的要求，就是它们一定要有助于整个人类。毫无社会责任感的人是不存在的，这是连罪犯和精神病人都知道的公开的秘密。若非如此，他们怎么会挖空心思地为自己的生活方式、为自己不肯承担责任的行为找借口？他们只是失去了追求人生有用面的勇气，自卑情结使他们相信自己无法通过合作取得成功。他们不敢直面人生困境，把战场移到了虚假的幻境中。

社会分工中有很多空间可以安放各种具体目标。如前所述，每种目标都可能含有错误的成分，我们也总能找出可挑剔的部分。有人从数学知识中获得优越感，有人从艺术创作中获得优越感，有人从强壮的身体中获得优越感，有人从渊博的学识中获得优越感。肠胃不好的孩子可能把全部注意力都放在食物上，因为他觉得食物可以改善自己的身体状况。对食物的兴趣，也许会让他在营养学方面取得一些成就，成为专业的厨师或营养师。通过对某些具体目标的研究，我们发现，排斥某些可能性和自我限制的增强，与补偿作用密切相关。比如，哲学家必须暂时远离社会，才能进行思考、创作，但是只要他的优越感中有足够的社会责任感，行为就不会出现太大的偏差。

第十三讲

是什么支撑起了一个人

人生的大部分问题，都可以归结到三个问题：职业、社交和亲密关系。三者密不可分、彼此缠绕，解决了其中一个，必定会推动另外两个的解决。个体对这些问题的反应，显示了他对人生意义最深层次的理解，并决定了他的人生是否会幸福。假如一个人觉得和别人交往是一件痛苦的事，那么，他在三个问题上都会受到束缚和限制，他的人生必定是辛苦和危险的，充满挫折且少有机遇。

至关重要的三种关系：职业、社交和亲密关系

人类的现实生活是由职业、社交和亲密关系这三种重要关系构成的，人人都要受其约束，所以我们必须加以重视和研究。这些关系所引发的一系列问题无时无刻不在影响着人，使人疲于应付，而我们对人生意义的理解决定了我们会如何解决这些问题。

第一种关系是职业关系。我们都生活在地球这颗小小的星球上，除非死亡，没人能离开。地球上的物质资源是我们得以繁衍生息的根本。为了保证物种延续，我们不断磨炼着自己的精神和肉体。迄今为止，地球上还没有哪个人不受这一事实所影响。行为体现了个人对生活状况的理解。通过行为，我们可以知道对他来说，什么是必需的、有价值的、合适的和可能的。不过，这些解释又无一例外地受到了这一事实的制约——我们是人类，我们在地球上生活。

不堪一击的身体状况和危险重重的生存环境，使人类不得不把目光放得更长远一些，从可持续的角度，凭借强大的意志力来修正自己的答案，以此来保证人类的安全和福祉。这就像解决数学难题，不能靠想象和运气，只能竭尽所能、兢兢业业地演算。虽然很难找到最完美最正确的答案，但只要不断努力，总能一步步接近正确答案。不过，任何答案都无法摆脱这一事实：我们生活在地球上，一切的好与不好，都由此而来。

第二种关系是社交关系。地球上不止一个人，只要活着，我们就要和别人产生联系，只是联系的紧密程度各有不同。由于身体太过脆弱，受到的限制又多，我们很难凭借个人力量达成某个确定的目标。任何想要独自生活、独自解决人生中一切问题的人，都必然会走向失败和死亡。单独的个人别说正常生活，连推动种族的繁衍都有心无力。所以，无论是为了个人的幸福，还是为了全人类的发展，我们或多或少都要和他人建立关系。这种联系是解决人生问题的起点。请记住：孤立只会带来灭亡。在这个星球上，个人生活和人类的延续都要依靠群居和与他人的合作。

第三种关系是亲密关系。人类是由两种性别构成的，这一事实直接影响了个体和群体的存在和发展。任何一个男人或女人，都要面临爱情与婚姻问题。毫无疑问，第三种关系正是建立爱情和婚姻关系的基础。我们可以从一个人的态度和行为中，看出他对这一关系的理解。他所认定的最佳解决方案，就在他的选择中。

以上三种关系带来了三个无法回避的问题：

（1）我们要选择什么样的职业，才能在这个充满了限制和危机的星球上生活下去？

（2）我们要怎么做才能在群体中建立较为稳固的地位，以便与人合作，共享利益？

（3）我们要怎样调整，才能让自己更好地接受和处理人类由两种性别构成以及以此为基础的两性繁衍问题？

个体心理学发现，人生的大部分问题都可以归结到这三个问题的范畴内：职业、社交和亲密关系。个体对这些问题的反应，显示了他对人生意义最深层次的理解。如果一个人觉得和别人交往是一件痛苦的事，无论在工作上还是在婚姻生活上都表现得差强人意，朋友也很少，从这个人所受的束缚和限制中可以断定：在他看来，人生必定是辛苦和危险的，充满挫折且少有机遇。他的社交网络十分狭窄。他以保护自己不受伤害为人生意义，画地为牢，把自己圈禁起来，在潜意识中避免和别人交往。反过来，如果一个人不仅工作做得有声有色，婚姻生活也十分幸福，朋友众多，交游广阔，那么我们便可以断定，人生在他眼中是一个充满了希望和创新的过程，有很多机会，没有不可战胜的挫折。对他来说，人生的意义在于和朋友风雨同舟，作为人类的一分子，为全人类的幸福贡献一份力量。

在人类的生活中，这三个问题密不可分、彼此缠绕，解决了其中一个，必定会推动另外两个问题的解决。所以，这三个问题其实是同一种情景、同一个问题——在当前的环境下，我们如何维持自己的生命和血脉的不同方面。

职业

家庭和学校对职业选择的影响

生命最初四五年所受的教育和训练对人未来各方面的发展有决定性的影响。也就是说，母亲在很大程度上决定了孩子未来的职业发展，因为她是影响孩子职业兴趣的第一人。

这里必须再次强调，在人类的分工制度中，母亲是一种并不比任何其他工作逊色的重要职业，有着高尚的地位。如果一位母亲能对孩子的人生发展保持浓厚的兴趣，能以母亲的身份极力促进孩子的健康发展，能够扩展孩子对他人和社会的兴趣，教导孩子合作之道，那她已经为人类社会做出了巨大贡献。我们的文化严重低估了母亲的贡献，贬低了母亲这种工作的尊严和价值。母亲是拿不到薪水的，全职母亲再如何努力工作，在经济上也要依靠他人。一个和谐健康的家庭，母亲和父亲应该具有同等的地位和价值。无论母亲是家庭主妇还是外出工作，她作为母亲的地位都不该受到贬低。

心理医生在帮别人做职业辅导时，经常会问咨询者他最开始那几年的状态和兴趣。童年时期的最初记忆会告诉我们他一直在用什么方式思考和生活、他的原型和统觉表的情况。

第二阶段的训练是在学校进行的。就像我们看到的那样，学校已经意识到自己对孩子未来职业选择的巨大影响，所以正努力引起孩子对未来职业的注意。为了满足孩子未来职业的需要，学校还加强了对学生眼、耳、口、鼻、手等各个器官的训练。这种训练的重要性，即使和科学知识的传授相比，也毫不逊色。当然，一般学科的教育也不可忽视。经常有人说，在学校学的拉丁语、法语、地理、历史知识，已经忘得差不多了。但是研读这些科目会使我们的心灵受到良好的训练。有些新型学校尤其注意培养孩子的动手能力，对孩子进行职业训练和工艺训练，这能增强孩子对未来职业的自信心，对孩子的发展同样有利。

在儿童时期就已经明确自己未来职业方向的人，在未来的发展中往往不会遇到太大的困难。如果我们问孩子以后想做什么，他们通常都能给你一个确定的答案。当然，这些答案大多不是深思熟虑的结果。他们说自己想当司机、飞行员、科学家，却不知道自己为什么会有这样的想法。我们要做的是，找出刺激他们做出这种选择的原因，帮助他们确定努力的方向和正确的优越目标，以及达成目标的方法，经常鼓励他们。他们的回答显示了他们最感兴趣的方向，我们可以由此找到他们的其他职业倾向。

如果一个人到了十四五岁，对自己未来的职业还没有一丝半点的想法，那他未来的人生道路恐怕就不那么好走了。自卑的孩子未必没有远大的理想，看起来没有野心的孩子，也未必就真的对任何事情都不感兴趣，他可能只是不敢说。在这种情况下，我们必须拿出足够的耐心来找到他们的兴趣点，并加以训练和引导。

有些人直到高中毕业，还不知道自己将来想做什么。他们可能学习成绩很好，但对未来的职业十分迷茫。我们发现这样的孩子大多野心勃勃，但性格孤僻，不喜欢与人合作。他们无法确定自己在社会分工合作中的位置，不知道怎么做才能把理想变成现实。所以，如果可能，一定要及早探明孩子的职业兴趣。学校也意识到了这一点，因此经常设置一些问题来引发孩子对未来职业的思考。我们可以从孩子选择的职业中，看出他全部的生活方式：他最看重什么，想朝哪个方向努力，等等。

千万不要以自己的价值标准来干预孩子的职业选择。职业不分贵贱，只要他选择的工作符合他的个人兴趣，他愿意为之付出努力，且对社会的发展有益，他的人生就可以和任何人相比拟。换言之，我们唯一的责任就是找一份自己喜欢的工作，以积极的心态不断磨炼自己的技艺。

有些人的关注点根本不在工作上，而在获得优越感上，所以不会对任何一种职业感到满意。他们不愿意面对人生困境，觉得人生不该出现任何困难。娇生惯养的孩子普遍有这种想法，总是想要得到别人的帮助。也许很多人在生命最初的四五年里，就已经找到了兴趣方向，可是因为经济原因或父母的逼迫，最后并没有朝这个方向发展，而是从事了另一种职业，甚至是他们完全不感兴趣的职业。

在职业辅导中，早期记忆不可忽视。如果孩子的早期记忆表现出对视觉方面的极大兴趣，那么他将来就可能从事和视觉有关的工作。有的孩子会不自觉地提起他对声音的印象，比如别人的说话声、风声、鸟叫声，等等，这属于听觉型，将来可能从事和音乐有关的工作。有些人的早期记忆里有很多关于运动的内容，这说明他对运动很感兴趣，职业方向也多半是户外工作。

人们努力的方向经常是超越家里的某个人，主要是父亲或母亲。这种努力很有价值，我们很乐意看到孩子超越父母。如果孩子想在事业上超越自己的父亲，父亲的经验对他来说就是一个很好的起点。如果父亲是警察，孩子会想成为律师或法官。如果父亲受雇于某个诊所，孩子会想成为大医院的专家。如果父亲是老师，孩子会想当大学教授。

通过观察，我们发现很多孩子都会下意识地训练自己的职业技能。比如，有的想当老师，他会像模像样地领着一群小孩玩上课游戏。想要知道孩子的兴趣，不妨看看他们平时喜欢玩什么。想要成为母亲的女孩喜欢玩娃娃。有些父母不愿意孩子玩娃娃，觉得那会使孩子脱离现实，却不知道孩子是在强化自己对母亲这种工作的认同感，训练照料孩子的技能。孩子的兴趣固定以后就很难改了，我们要做的是及早发现他们的兴趣，并加以训练。比如有些孩子表现出对机械技术的浓厚兴趣，若能及早接受训练,对他们将来的事业是极有助益的。

有些人从小就有这样一个习惯,跟在大孩子身后,按照他们的吩咐去做事。他不想当领导者,喜欢被人领导,全部兴趣都在于找一个愿意做领袖的人收容自己。这可不是什么有益的思想。如果一直保持这种想法,人就会对领导地位望而却步,只选择一些小职员的工作,每天都是别人安排什么就做什么。这会抹杀个人的思考能力和创造能力,就像一只提线木偶。

在儿童时期接触过病人、经历过死亡,并对这些事情留有深刻印象的人,长大以后多半会成为医护工作者。想当医生的人,通常很早就开始了对自己的训练,并对这一职业抱有浓厚的兴趣。当然,有类似经历的孩子也可能会成为作家或艺术工作者,用创造来延长生命的维度。还有一些人成了献身于宗教的神职人员。

源自生命早期的错误训练,会让人丧失工作兴趣,成为好吃懒做的浪荡汉。他们不知该如何面对人生困境,只能选择逃避。我们必须找出这种思想的成因,然后用科学的方法加以纠正。如果我们的生活环境是不用工作就能随心所欲地得到自己想要的东西的,那么我们鄙视的品性也许就不是懒惰,而是勤劳了。但是,人类和地球之间的关系是这样的:我们如果想要生存下去,就必须努力工作、和人建立合作关系、对社会有所贡献。在过去,告诉我们这一点的是直觉,现在则是科学。

我们在天才身上最能清楚地看到及早对孩子进行职业训练的优势。所谓天才,指的是那些对人类发展做出巨大贡献的人。如果一个人对社会发展没有半分助益,那他无论如何也称不上天才。艺术是人类共同合作的结果，天才艺术家则为人类文化水平的提高做出了突出贡献。比如，荷马在他的史诗中提到了三种颜色，并以此来区分其他颜色。在那个时代，人们已经对颜色有了表面上的认识，但是颜色差异无关紧要，所以没有人给颜色命名。那么教我们分辨颜色，让我们可以用确定的名字来称呼各种颜色的人，是谁呢？毫无疑问，是画家和艺术家。我们必须承认、称赞他们的功劳。同样，作曲家对人类听觉的发展也做出了巨大贡献。没有他们，人类的听觉不会变得如此敏锐精密，他们把单调的声音变成了和谐的乐章，让我们的心灵和情感变得更加丰沛细腻。诗人用优美、生动、鲜活的文字，拓展了我们思想的深度，让我们的言辞更有表现力，让我们的举止更加优雅。

我们从天才的言行和态度中，也许看不出太多的合作能力，但只要你站在全局的角度来观察他们的人生，就会发现，他们是最擅长合作，也最喜欢合作的人。他们在合作时会遇到很多阻碍，不像别人那样易于建立合作关系。很多天才都有生理缺陷，给我们留下了这样的印象：他们的人生充满了艰难险阻，总是在层出不穷的困境中披荆斩棘。但我们更应该注意的是，他们很早就确定了自己的职业兴趣，并做了很多有针对性的训练。为了将来能够更好地适应这个世界，他们倾尽全力磨炼自己。由此可知，天才的称号和天才在特定领域内取得的突出成就，是其努力奋斗的结果，和遗传或天分没什么关系。

早期努力是未来成功最坚实的基础。一个三四岁的小女孩拿到了一个娃娃，她想给娃娃做个帽子。这时如果你鼓励她几句，再教她做帽子的技巧，她多半会干劲十足地好好做一顶帽子出来。但是如果你大喊大叫，说一些诸如"别做啦！扎到手怎么办？买一顶多简单啊！"之类的话，女孩就会失去做帽子的热情。我们不妨比较一下这两种情况：在大人的鼓励下，前者的艺术才能得到了极大的提升，后者觉得自己做的永远没有买来的好，失去了培养兴趣爱好的机会。

如果不想让孩子把收入高低作为衡量工作的唯一标准，就不要在他们面前过分强调金钱。因为这样的孩子工作时想的不是为社会做贡献，而是金钱，这会严重损害孩子的发展。当然，每个人都要有自己的生活，否则很容易成为别人的负担。把注意力都放在金钱上的人，不会是合作方面的高手。对社会合作缺乏兴趣却想赚大钱的人很容易把犯罪——比如偷盗、诈骗——当作赚钱的手段。当然，这是较为极端的情况。以赚钱为唯一目标的人，即使保留了一些合作能力，且如愿地赚了大钱，他的成就也无益于他人。在这个飞速发展的时代，通过不法手段赚钱成为富翁的人虽然不少，但正直努力的人，就算不能得到巨大的成功，也能守住心底的勇气和自尊。

在某些时候，职业会成为人们逃避爱情和社交问题的借口。比如在现代社会，就会有很多人说："我找不到喜欢的人，是因为工作太忙。"一个充满工作热情的男人可能会想："工作这么忙，我哪有时间兼顾家庭，所以婚姻失败的责任并不在我！"精神病患者更是竭力逃避爱情和社交问题，不是不敢和异性接触，就是用错误的方法和异性接触。由于对别人不感兴趣，他们没什么朋友。他们把全部精力都放在工作上，心里想的全是工作，不仅白天想，连晚上做梦都想。因为长期处于紧张状态，他们的肠胃一般都不太好，而疾病更是成了他们逃避爱情和社交问题的借口。有些人一直在换工作，觉得这样才能找到合适的位置和职业，其实他们只是缺乏毅力，而毅力是把工作做好的基本条件，所以这样的人注定一事无成。

社交

交友符合人类的利益

和自己喜欢的人交朋友，是人类一个古老的奋斗目标。一个种族得以建立和延续的基础，就是对同类感兴趣。在家庭中，我们要对家人感兴趣。当我们回溯历史，必然会发现人类是以家庭的方式凝聚在一起的。原始部落用共同的符号进行沟通、合作，最简单、原始的宗教是图腾崇拜，有的部落崇拜蜥蜴，有的部落崇拜水牛或蛇。崇拜同一种图腾的人在一起生活，互相帮助，互相扶持。这些原始习俗在培养人类的合作热情上，发挥了巨大作用。每到宗教祭祀日，崇拜同一种图腾的人就会聚集到一起，讨论群体生活中遇到的问题，比如怎么躲避洪水野兽，怎么捕猎耕种，诸如此类，以维护群体的共同利益。

人们一直把婚姻视为一件涉及群体利益的事情。按照规定，崇拜同一种图腾的人，要在群体之外寻找伴侣。婚姻是全体人类都要参与的共同事务，绝不仅仅是两个人的事。婚姻的社会性体现在丈夫和妻子都要承担起各自的责任。社会希望夫妻双方能够共同生育健康的子女，用强大的合作精神把孩子抚养长大。想要结婚的人至少对合作是有一定期待的。原始社会用图腾和复杂的规则来控制婚姻，这种行为在今天看来或许非常可笑，但在当时却发挥着至关重要的作用，因为这可以极大地促进人们对合作的热情。

"爱你的邻居"是基督教的一项重要教义，也是增加人类对同类的兴趣的另一项重要努力。有趣的是，从科学角度同样可以证明这个方法的价值。有些被宠坏的孩子反驳说："我为什么要爱自己的邻居，难道不该是邻居爱我吗？"他们缺乏合作热情、自私自利的性格从这句话中便已显露无遗。对同胞不感兴趣的人，在遇到重大挫折时，往往会不知所措、一味逃避，甚至会为了个人利益而损害他人利益。这样的人很难成功。

提升合作的方法并不是单一的，我们没必要争吵、批评、看不起别人，说到底也没人知道绝对真理是什么。

我们反对一切不劳而获、只重视个人利益的思想。这种思想无论对个人还是对团体都有害无益。只有对同伴感兴趣，个人的才能才有发挥的空间。听、说、读、写，是与他人建立关系的最基本的方法。人类因为对外界感兴趣，所以创造了语言。了解他人的想法不是个人的目标，而是整个社会的共同目标。共同利益将所有人凝聚在一起，让所有人都受常识约束。

终日追求个人利益和优越感的人，把自己当成他人的生存价值，可是别人会同意这样的观点吗？这种人只关心自己，对他人没有半点兴趣，所以合作能力大多很差。他们脸上的卑鄙和茫然，在罪犯、精神病人的脸上也经常出现，这样的人——

不管是大人还是孩子——大多自视甚高、自私自利。他们对别人毫不在意，甚至不屑一顾。

封闭自己会导致心理障碍

无法和他人建立正常合作关系，甚至无法和人正常接触（比如脸红、结巴，甚至阳痿、早泄），这都是因为对他人缺乏兴趣引起的。极度孤僻的人很容易出现精神问题，想要救治他们，最好的办法就是让他们对别人感兴趣。精神病患者总是把自己封闭起来，隔绝自己和他人、外界的关系，在这方面，只有自杀者能与之一较高下。精神病之所以难治，原因就在这里。

一个患有重度精神分裂症的女孩，病了八年才被治好，还在精神病院待了两年。她的行为举止不像人，更像是一条狗：她到处吐口水，撕咬东西，用牙齿撕扯自己的衣服，甚至想把手绢吃进肚子里。她显然不认同自己的人类身份，而想要成为一条狗。经过调查，后来有位医生找到了她这些表现的原因——她觉得自己在母亲的心目中就是一条狗。她模仿狗的这些行为像是在说："人类太蠢了，与其做人，我宁愿做狗。"一连八天，那位医生不停地和她说话，但她一句话都没有说。直到第三十天，医生的友善终于让她鼓起勇气说了一些话，只是声音还有些模糊。

这类病人抗拒同伴，即使得到了一些勇气，也会觉得茫然失措。在这个阶段，他们还无法和人建立正常的合作关系，所以一定会表现出一些攻击性，比如做各种恶作剧，把手里的东西扔到地上,就像那些问题儿童一样。这个女孩也是这种情况。对此,那位医生的反应是没有反应——一动不动由着她打。这是她唯一想象不到的反应。她身体柔弱,力气不算太大(这一点可想而知)。医生的友善让她惊讶得不知如何是好。她不再对医生抱有敌意,但也不知道该如何面对自己刚刚恢复的勇气。她打破了医生的窗户,被碎玻璃割伤了手指。医生不但没有责备她,还帮她把手指包好了。对于有暴力倾向的人,通常的做法是把他们关起来。这并不能有效解决问题。想要和他们建立合作关系,首先必须让他们对我们感兴趣。不要奢望疯子有正常人的表现,那根本不现实。人的情绪是需要发泄的,所以对于有精神问题的人,最好让他们随心所欲地发泄一番,不想吃饭就不吃饭,想撕东西就撕东西。

这个女孩痊愈之后,一年之内都没有复发。有一次这位医生去收容所,在路上遇到了她。她问医生去哪儿,医生说:"去你之前住过的那家收容所。"她说她正好要去那里复诊,两人便一起去了。后来给她复诊的医生怒气冲冲地说:"她完全康复了,只是气人的本事越来越大,还说讨厌我。"之后这个女孩的精神状况一直没再出过问题,自己赚钱谋生,和朋友的关系也都很好。

我们可以从患有抑郁症和妄想症的人身上,清晰地看到他们和正常人之间的距离。有妄想症的人仇视所有人,觉得人人都想害他。有抑郁症的人总是在自责,说:"我破坏了家庭的和睦。""要不是我花光了家里的钱,孩子就不会受这样的苦。"这些话听着是在责备自己,其实是在责备别人。以一位女士为例,她原本交游广阔，热衷于参加社交活动。可是因为一场意外，她无法再出去交际了，三个女儿已各自成家，而在这时，丈夫也忽然去世，她觉得孤独。

她无法适应这种不再受人注目的生活，为了找回过去的风光，她开始到欧洲各地旅行。可是旅行也无法消减这种落差，她得了抑郁症。在这种情况下，抑郁症是一种严峻的考验。她给女儿打电话，让她们过来陪伴自己。可是每个人都有这样那样的理由，没有人愿意回到她身边。回家之后，她经常说："女儿们都对我很好。"三个女儿给她找了一个护士，自己只是偶尔过来看看。我们不能从表面上理解她的话，每一个了解情况的人都知道，她的话其实是对生活的控诉。

抑郁症的一个常见表现就是对他人长时间的愤怒和责备。为了得到他人的照料和关注，抑郁症患者会表现得非常沮丧。抑郁症患者的最初记忆通常都是这样的："哥哥躺在公园的长椅上，我也想躺在那儿。我哭闹不休，哥哥只好让出长椅。"

很多抑郁症患者会用自杀来报复别人，我们必须设法消除其自杀的理由。在治疗过程中，我们要对病人说："不要勉强自己做不喜欢做的事。"这看起来微不足道，却触及了问题的根本。如果抑郁症患者能够随心所欲，想做什么就做什么，他们还会怨恨别人，产生报复情绪吗？一定要这样对他们说："想去旅行就去旅行，想去看电影就去看电影，如果走到半路又不想去了，可以马上回来。"这是任何人都能做到的事，也是最简单有效的办法，可以满足他们的优越感，像上帝一样怎么高兴怎么来，会彻底打破他们过往的生活方式。他们总想抓住机会指责别人，可是现在没有人再对他们的想法提出异议，他们还能指责谁呢？这个办法非常有效，可以大概率地减少病人自杀的情况。当然，想要避免发生意外，最好还是找人监护这样的病人。

如果病人说："我什么都不想做。"那就让病人别做自己不喜欢的事。如果病人说："我想在床上躺着。"那就让他在床上躺着。事实上，如果你真的让他在床上躺着，他多半不会这么做，如果你反对，他反倒非要躺着不可了。

除此之外，还有一种方法可以更为直接和有效地颠覆他们对人生的反抗，就是让他们时刻想着让别人高兴。如果病人真能这么做，他们很快就能恢复健康。大家不妨想象一下，这种行为会给他们造成什么影响。他们原本只有一个想法："我要怎么做才能让别人难受？"

患者听到这样的要求，总是说："我一直都是这么做的啊，这有什么难的？"事实上，他们从来没有这么做过，他们也不会这么想。如果你对他们说："晚上要是睡不着，就想想给别人带来快乐的办法。这样你很快就能恢复健康了。"第二天你再问他："昨天晚上，你想得怎么样了？"他会告诉你："昨天晚上，我一沾枕头就睡着了。"提这些建议的时候，你的态度要一直真诚友好，不能有半点高高在上的意味。有的病人说："我心里很乱，没办法想。"你就告诉他："没关系，你只要在高兴的时候，偶尔想一想别人就可以了。"只有真正对别人感兴趣，患者才能恢复健康。

有些人问："我为什么要取悦别人，不能让别人来取悦我吗？"提出这种问题的人，合作精神必定十分匮乏。我们必须明白，只有关心他人、关注他人，我们才能活得更加健康，把关注点过多地放在自己身上，人很容易出问题。几乎没有哪个病人会毫不迟疑地表示自己会努力取悦他人、为他人做贡献。个体心理学家的首要任务就是增加病人对社会的兴趣，因为封闭自己会导致心理障碍，缺乏合作精神是病人患病的重要原因。只要病人能早日意识到这一点，努力和自己的同胞建立良好的合作关系，用不了多久，他们就能恢复健康了。

培养社会感

过失犯罪可以说是缺乏社会感的典型表现。因为粗心大意，火把跌落引发森林大火；因为花盆跌落，致使楼下的行人被砸死；因为回家时忘了把路上的电缆收起来，以致汽车碾上电缆，司机不幸死亡。这些案例的肇事者都没有故意伤害他人的意图，在道德上不需要受到过分苛责，但是，我们不得不承认，他们在为他人着想、为他人的安全负责这件事上，明显缺乏训练、经验不足。有足够合作意识的人会不自觉地采取预防措施，以保证他人的安全。缺乏合作精神、无意识地损害他人利益的情况，在生活中并不少见，比如不小心踩了别人的脚、损坏公物，以及各种损人不利己的行为。

对同类的兴趣是在家庭和学校里培养起来的。阻碍社会感的行为，我们前面已经谈过。遗传虽然不是社会感的根源，却为社会感的发展提供了巨大的潜力。能够影响这种潜力的因素有很多，比如母亲的技巧，母亲对孩子的兴趣程度，孩子对环境的判断，等等。如果孩子觉得自己处在危险的环境中，身边的人对自己充满敌意,他就会以敌对的态度来面对整个世界,与身边的每一个人为敌。如此一来,他当然交不到朋友。如果孩子觉得所有人都是他的奴隶,那他的人生目标必然是成为奴隶主,也就不会想着帮助他人,为他人的利益做贡献了。一个人如果只关心自己的感受和身体的舒适情况,就不会努力参加社交活动。

在家里,我们要让孩子明白自己是家庭的一分子。为了培养孩子对家人的兴趣,我们需要用平等的态度对待家里的每一个人,关心自己的家人。另外,父母双方不仅是伴侣,也必须是朋友,且要和外界保持良好而亲密的关系。只有这样,孩子才会相信家庭之外的其他人也是可以信赖的,才会愿意和他人交朋友。在学校,孩子需要明白自己是整个班级的一分子,是其他同学的朋友,要跟大家和谐相处,建立友情。家庭生活和学校生活的努力都是为了达成一个更大的目标——成为一个良好的公民,成为社会中平等的一分子。只有达成了这样的目标,孩子才能勇敢而坚定地面对人生问题,并找出答案,促进自己和他人的幸福。

一个交游广阔、婚姻幸福、努力工作为他人和全社会带来助益的人,不会觉得自卑,也不会觉得自己输给了谁。他能感觉到世界的温度,能够冷静地面对人生中的一切困难。他能找到自己喜欢的人,也能感受到他人的喜欢。他坚信自己属于这个世界,认为一切问题都有解决的方法,任何事都无法让他妥协、退缩。他清楚地知道人类历史是由现在、过去、未来的所有人类共同组成的,而自己只是人类历史中的一粒微尘,但与此同时，他也知道当下正是他通过合作为人类进步贡献一己之力的时候。这个世界有很多阴暗的地方，比如邪恶、苦难、悲哀、偏见，但也有很多优点，比如温暖、幸福和光明。我们是这个世界的一部分，要竭尽所能地让这个世界变得更好。可以肯定地说，只要我们能以正确的态度和方法负起自己的责任，就已经极大地促进了改善世界的工作。

所谓负起责任，就是以合作的方式解决人生三大问题。成为合格的工作者，和他人建立平等的友情，找到一个默契的伴侣建立美满的家庭，这就是世界对一个人的全部要求，也是世界给予这个人的最大奖赏。总之，他必须证明自己是人类的好伙伴。

亲密关系

合作是婚姻幸福的首要条件

在德国的某一地区，有一种测试年轻男女在将来的婚姻中能否融洽相处的古老风俗。结婚前，新郎新娘被带到广场上，那里放着一棵被砍倒的大树。新人要用一把两端都有把手的锯子一起把这棵树锯断。这个实验可以检验他们的合作能力和合作意愿。两人拉一根锯条，要求双方动作必须同步，否则互相掣肘，锯树的工作就无法完成。如果一方为了表现自己，让对方不要参与，对方也甘心退后，结果只能是事倍功半。只有两人都积极进取，并且合作无间，锯树工作才能完成得又快又好。

看样子，这些德国人早已明白：合作是婚姻幸福的首要条件。

爱情和婚姻的本质是对伴侣最诚挚的奉献。它表现在心灵的共鸣、身体的相互吸引，以及共同抚养子女的愿望和行动上。合作是爱情和婚姻的关键，这种合作不仅是为了维护丈夫和妻子的利益，也是为了维护社会的共同利益。

婚恋问题的所有方面都可以用这个观点来解释，即爱情和婚姻是为了人类利益而建立的合作。这一点即使放在求爱时对外形的苛刻要求上，也是说得通的。我们不止一次地说过，由于身体非常脆弱，人类无法在这个贫瘠的星球上得到永生，而肉体的吸引力和繁殖能力，正是人类延续生命的重要手段。

无论处于什么时代，婚姻、爱情都会面临难题。结婚后，父母要插手他们的婚姻，甚至整个社会都卷入他们的婚姻关系。如果你想要解决这些问题，就要摒弃一切个人情绪，客观地看待问题，仔细地观察问题。在探讨时，务必抛开一切规则，心无旁骛，不受任何干扰。

这并不是说，我们要把爱情和婚姻当作完全孤立的问题。因为每个人都受几种固定关系的束缚，都在一个限定的框架内发展。这里所说的束缚来自以下三点：首先，每个人都有自己的生活圈，都必须在环境施加给我们的客观条件里面生活；其次，每个人都生活在同伴之间，必须和同伴相适应；第三，异性相吸是人类得以延续的根本。

关注同伴乃至人类利益的人，无论做什么事都会顾及同伴的幸福，不会以损害他人利益的方式解决自己的问题。不过他自己或许都没有意识到这一点。虽然无法清楚地说出自己的目标，但奋斗的方向是对的。他本能地想要促进人类的幸福与发展，对此充满兴趣。

很多人对人类的幸福漠不关心，在他们的思想里，从来没有"我能为人类做什么贡献？""我要怎么做才能让团体里的其他人获益？"的想法，只是"人生有什么意义，我能从人生中得到什么？我要付出什么，才能得到我想要的？别人会不会永远关注我、照顾我？别人都是怎么评价我的？"的疑问。以这种态度生活的人，在解决爱情与婚姻中的问题时，必然也会这样反复地问自己："这能给我带来什么好处？"

有些心理学家认为爱情是单纯和自然的，但事实并非如此。性是一种本能的欲望，但在爱情和婚姻里，除了性，还有很多内容。无论从哪个角度看，人类的本能欲望经过一段时间的发展，已经有了更加高贵优雅的面貌。我们一直在克制自己的某些欲望，通过人际交往，我们知道了要怎么做才不会冒犯对方，学会了穿衣打扮，修饰自己。我们不再满足于填饱肚子，即使饥肠辘辘，也会讲究用餐礼仪。本能欲望已经和人类文化融为一体，我们为人类幸福所做的种种努力，由此可见一斑。

如果这样看待爱情和婚姻问题，就会发现这里面有很多内容都和对群体利益及人类的兴趣密切相关。除非我们能意识到这一点：唯有兼顾整个人类的利益，才能真正解决爱情和婚姻问题，否则关于这个问题的任何讨论（比如怎样完善婚姻制度，使其更符合人性）都会徒劳无功。通过努力，我们也许能找到更好的答案，但找到好答案的前提条件是，我们兼顾了以下这些事实：我们生活在地球上，和其他人类生活在一起，每个人

第十三讲
是什么支撑起了一个人

都不可避免地要和别人建立关系，人有两种性别。只要我们在追寻答案的过程中考虑到这些情况，其中的真理便是不可动摇的。

用这种方法研究问题，会使我们看到一些更加本质的东西，比如爱情的本质是两个人齐心合力的协作。对很多人来说，婚姻都是一项全新的工作。每个人多少学过一些单独作业以及与人合作的技巧，可是一直和另一个人绑在一起工作，这种经历却是人生中的第一次。这种新环境让我们遭遇了一些困难，但只要两个人是相爱的，或者说两个人对彼此感兴趣，所有的困难都能在磨合中慢慢解决。

可以说，想要从根本上解决婚姻问题，关键在于我们对伴侣的关心和照顾是不是胜过了对自己的。这是获得完美的婚姻和爱情的基本原则。认识到这一点，便能找到改善爱情和婚姻问题的方法。如果夫妻双方对彼此的兴趣都超过了对自己的，那么夫妻关系一定是平等的。如果两个人能坦诚地面对对方，毫无保留地为对方的利益服务，就没有人会觉得自己受到控制或地位低下了。只有这样，平等才是可能的。每个人都应该尽力为自己的伴侣提供更加安稳舒适的生活，只有这样，你的伴侣才会有足够的安全感，觉得自己是有价值的和不可或缺的。这是婚姻幸福的基本保障。幸福的婚姻会让人有这样的感受：我在这段婚姻中有着独一无二的价值，我的爱人需要我，我做得很好，我和伴侣之间除了爱情，还有友情和亲情。

以合作为基础的婚姻不会把丈夫和妻子变成从属关系。夫妻双方如果有一个人想要成为控制者，强迫对方听命于自己，他们就无法融洽地生活在一起。在现代社会，有很多男人（也有不少女人）都认为自己应该是家里的主宰。他们希望把家变成自己的一言堂，希望伴侣对自己唯命是从，正因为如此，社会上才有那么多失败的婚姻。没人能心甘情愿、兴高采烈地接受卑下的地位。夫妻双方只有地位平等，才能团结一致，共同面对人生问题，比如在养育儿女的问题上达成一致。他们知道，拒绝生儿育女意味着不愿意为人类的延续贡献力量。比如在教育问题上尽快达成一致，遇到问题时，他们也会想办法尽快解决，以免不愉快的家庭氛围影响孩子的成长。

正确的婚姻观

我们很早就能从孩子身上看到他们对爱情和婚姻的期待。千万不要站在成人的立场上，将这种期待说成是性冲动。他们只是确定了自己社会成员的身份，并由此来判断平常的社会生活。爱情和婚姻既然存在于他们身边，他们以此为基础构建自己未来的生活，又有什么可奇怪的呢？他们看到了这些因素，并有了自己的理解和判断。

在孩子表现出对异性和择偶问题的兴趣时，千万不要因为孩子太过早熟就嘲笑、讥讽或斥责他们，事实上，这是孩子为爱情和婚姻所做的第一步试探。一定要告诉他们爱情是美好的，每个人都会遇到爱情，都应该在爱情到来之前，做好面对爱情挑战的准备。我们有责任让孩子对爱情抱有美好的期待，只有这样，他将来才能以诚挚的心和伴侣相处，齐心协力解决婚姻生活中的问题。这样一来，就算父母的婚姻生活并不愉快，孩子也会以坚定的态度支持一夫一妻制。

孩子没有必要过早了解两性之间的肉体关系和超出其理解范围的性知识。人在儿童时期对婚姻的看法非常重要，不正确的教育方法会让孩子把婚姻视为一种难以控制的危险事物。调查显示，孩子如果在五六岁就已经对两性关系有了清楚的认知或早早经历性生活，在婚姻和爱情中遭遇失败的概率更高。如果孩子在较为成熟的时候，才对性关系和性知识有所了解，他对性的恐惧就会减少很多，在协调和伴侣的关系时也不会频繁出错。在孩子提出疑问时，不要逃避孩子的问题，或者胡编乱造，要了解孩子问题背后的原因，将他想要知道的和能够理解的那些内容，仔细跟他讲清楚。

女孩和父亲不亲近、男孩和母亲不亲近的情况，在现实生活中并不少见，在夫妻关系恶劣的家庭中更是如此。这样的孩子在选择伴侣时，更倾向于选择和父母截然相反的类型。如果母亲性格强悍，总是对孩子的行为吹毛求疵，懦弱的儿子一般会选择性格温驯的女孩做妻子。但是，这种不平等的关系会严重损害婚姻生活。有些男孩为了证明自己够强悍，会选择那些富有挑战性的女孩做妻子。和母亲关系极端恶劣的男孩，甚至会对婚姻和爱情产生排斥心理，情况严重的，甚至会对异性完全失去兴趣。

如果父母婚姻和谐，我们就能做出更好的准备。人们对婚姻最早的印象，通常来自父母，所以，在破裂的或不和谐的家庭中长大的孩子，在自己的婚姻生活中也很容易遭遇失败，这一点不难理解。父母都没有很好的合作能力，又怎么能培养出合作能力很强的孩子？通常来说，我们要评价一个人适不适合结婚，他父母的关系是否融洽，他对家人的态度是否友善，他在哪里受到关于爱情和婚姻的训练（这一点尤为重要），都是重要的参考项。当然，就像我们说过的那样，对一个人起决定性作用的，不是他经历了什么，而是他从这些经历中感受到了什么。父母关系恶劣，可能反而会激励他为了获得美满的婚姻而努力磨炼自己的相关能力。所以，我们评价一个人是否适合结婚，不能以他父母的婚姻状况作为唯一标准。

没有比只顾个人利益更糟糕的情况了。自私自利的人每天想的都是怎么才能使自己舒适快乐，满心都是自己的潇洒自由，根本不关心自己的爱人是否愉悦。这样做是错的，因为他寻求快乐的方向从根本上就是错的。我们绝不能以只顾个人利益和逃避责任的态度来面对婚姻。只有相互信任，坚定不移地和爱人建立合作关系，才能获得美满的爱情和婚姻。这种坚定不只体现在生儿育女上，还体现在子女的教育上，我们要训练孩子的合作能力，把他们培养成平等、有责任心的良好公民。美好的婚姻是教育子女的最佳途径。婚姻和工作一样，都有自己的规则。我们不能只选自己喜欢的、逃避自己不喜欢的，否则合作关系一定会受到破坏。

不要给婚姻限定责任期限。当你把爱情和婚姻当成一场有期限的实验，真正亲密的爱情就不会降临。人只有在毫无退路的时候，才会毫无保留地倾尽全力。任何需要严肃对待的生活和工作，都无法容忍退路的存在。任何不肯付出、不肯承担责任的奸诈之徒，都无法得到全心全意的爱情。他们在错误的道路上越走越远，及至最后，爱人心里的失望发展成绝望，他就算不想抽身也得抽身了。现代生活的重重压力，使年轻人的爱情之路困难重重，但千万不要因此就不相信爱情。爱情问题其实也是生活问题，我们知道甜美的爱情需要哪些要素——忠实、可信、专心、专情。迟疑不决、疑心过重的人不适合结婚。爱情是两个人坦诚合作，没人能在爱情面前随心所欲。

婚姻中有自由吗

下面这个案例可以证明"过分自由"（比如开放式婚姻中享有的自由）会严重损害婚姻本身和双方的利益。

有一对夫妻，之前都离过婚，他们希望这次婚姻有一个较为完美的结局，却不知道上一次婚姻失败是因为自己没有很好的合作能力。两个人学历都很高，自认为是坚定的自由主义者，他们想要建立一种开放式的婚姻关系，以免彼此感到厌倦。他们说好，双方有绝对的自由，但是要互相信赖，彼此坦诚。

丈夫每天下班都会把自己的风流韵事告诉妻子，不得不说，这真是相当勇敢的做法。妻子听了这些事居然一点都不生气，看起来很享受，一副很为丈夫骄傲的样子。妻子也想要像丈夫那样风流不羁。可是还没行动就患上了广场恐惧症。她不敢单独出门，只能一天到晚待在家里。表面上看，广场恐惧症是她逃避外出行动（像丈夫一样风流）的手段，但实际上，却也使丈夫不得不待在家里照顾她。妻子不敢单独出门，失去了行动的自由；丈夫要照顾妻子，同样也失去了行动的自由。夫妻协定就此打破。妻子想要痊愈，她必须先弄明白婚姻到底意味着什么，丈夫也必须将婚姻视为一种合作。

还有一些错误在结婚前就已经埋下了伏笔。娇生惯养长大的孩子，结婚后总觉得自己受到忽视。他们没有受过磨炼，骤然面对真实的社会生活，难免会觉得无所适从。被宠坏的孩子在婚姻中可能变成极力压制和控制伴侣的暴君，伴侣当然要奋起反抗。如果夫妻双方都是在父母的娇宠中长大的，那么婚后的场面一定很有趣。双方都想得到对方的关注和照料，却又不想主动付出。为了引起对方的注意，他们甚至会故意和另外一个人在一起。有些人不愿意只爱一个人，总要脚踏两条船，甚至几条船。他们以这种不负责任的方式追求所谓的自由，一个人不合适，就逃到另一个人身边。谁都爱，也就是谁都不爱，最终也只能是不被任何人爱。

有些人对爱情作了很多浪漫、唯美、虚无缥缈的设想。太过沉迷这种幻想，会使人无法在现实中找到合适的伴侣。一个人如果对爱情期望过高，就会对身边的人吹毛求疵，说到底，谁能比得上他的梦中情人呢？很多男人或女人（女人更多一些）因为错误的发展而对自己的性别产生了一定程度的抵触情绪。他们压抑自己的本能，若不加以治疗，甚至在身体上都无法让婚姻获得成功。这就是"男性钦羡"[1]的危害。我们的文化给了男人比女人更高的地位。对自己的性别不够自信的孩子（无论男女）会有强烈的不安全感，并对男性有钦慕心理。他们会怀疑自己是否有能力担负起男性的责任，因为太过看重男性地位，

---

1. 阿德勒认为，在男性占主导地位的社会中，男性价值被高估，大部分人都有追求强壮有力的愿望，阿德勒把这种愿望称为"男性钦羡"。——编者注

他们甚至不敢接受任何可以检验男性化程度的考验。在我们的文化中，很多人都对自己的性别感到不满，女人性冷淡、男人阳痿的主要原因就在于此。他们用身体上的问题来抵制爱情和婚姻。在真正实现男女平等以前，这些问题是不会消失的。只要一半的人类还对自己的性别有抵触情绪，成功的婚姻便难以为继。为了改变这种情况，我们必须努力促进男女平等的理念，与此同时也要增强孩子对自己性别的认同感。

在我看来，避免婚前性行为是对爱情和婚姻最好的保障。调查显示，大多数男人都无法接受妻子在结婚以前和人发生性关系，认为女人在婚前应该保持贞洁。我们的文化对女性的要求比男人严苛得多。因此，婚前性行为往往会增加女人的心理负担。如果女人走进婚姻殿堂时，心里带着恐惧而非勇气，那么这场婚姻的前途就很让人忧心了。勇气可以降低合作的难度，恐惧却刚好相反。心怀恐惧的人，在婚姻中无法真诚地对待伴侣。如果夫妻双方的社会地位不匹配或教育程度不匹配，也会出现这种情况。处于劣势的人对婚姻充满恐惧，他们把伴侣当成对手，总想尽快赶超对方。

为婚姻磨炼合作技能

当前社会很多人都没有建立起足够的合作精神。相比于付出，现代教育更重视索取和个人成功。我们看到，在亲密的婚姻关系中，如果两人不能和对方建立良好的合作关系，不能细心地关心对方，婚姻必将走向失败。在结婚以前，人们从未经历过如此亲密的关系，自然很难适应时时刻刻都要顾及伴侣的利益、健康和期望的生活。在没有准备好和另一个人合力解决一切问题的时候，经常犯错也无可厚非。我们要做的是认清事实，避免再次犯错。

每个人遇事时的反应，都是以自己惯有的生活方式为基础的，所以，没有经过专业训练的人很难解决人生困境。婚姻的技巧不是短时间就能训练完成的。我们从孩子的态度、行为和观念中，看出他为应对成人后的人生困境做了什么准备。孩子对爱情的整体印象，在他五六岁时便已基本成型。

交友是培养社会感的有效方法。友谊可以教会我们什么是推心置腹，真心待人，如何设身处地地理解他人的感受和想法。没有遭受过任何挫折，或者一遇到挫折就有父母亲人出来救场的孩子，以及孤僻内向、没有朋友的孩子，无法培养出这种认同他人的能力。他们觉得自己是世界上最重要的人，只关心自己的利益。在学习交友技巧的同时，人们也能学到一些建立美满婚姻的技巧。

游戏虽然也可以训练合作能力，但大多数游戏都带有竞争性，所以，训练孩子合作能力最好的办法，是创造一种一起读书、学习和工作的氛围。这是一件很有价值的事。舞蹈，尤其是双人舞对孩子合作能力的培养大有助益。让孩子学一些简单的双人舞，对他们性格的发展很有好处。

工作情况也可以作为衡量一个人是否已做好婚前准备的标准。现代社会要求人们在结婚之前，先要解决就业问题。这不难理解，一对夫妻总要有一个人或两个人都有固定工作，他们才能解决现实生活中的问题。我们知道，美好的婚姻必定要有良好的婚前准备。

先不说一个人能不能和异性建立良好的合作关系，他首先必须敢于和异性接触。每个人都会以与自己生活方式相一致的方式，接触异性、向异性表达爱意。每个人恋爱时的行为和气质都不一样，但从他的表现中，我们可以看出他对人类的未来有没有信心，他的合作能力是否得到充分发展，他是不是只关心自己，他在异性面前是否胆怯，有没有用诸如"他们会怎么想我？我会不会成为别人的笑柄？"这样的问题不停地折磨自己。一个人在向异性求爱时，可能谨慎小心，也可能热情激进，但无论哪种情况，他的行为都是以他的生活方式为基础的，换言之，恋爱方式只是生活方式的另一种表现形式。我们不能完全依据恋爱行为来判断一个人适不适合结婚，因为人在这个时候，目标单一而明确。换成其他情境，他可能就没这么勇敢了。但无论如何，恋爱行为总有一些参考价值。

为什么要提倡一夫一妻制

我们的文化要求男人在恋爱过程中主动追求女性。只要这种传统观点没有消失，我们就要训练男孩以积极勇敢的态度，面对自己的心上人，要让他们知道，作为整个社会的一分子，他们的自身利益和社会利益是捆绑在一起的，即使社会有这样那样的缺点，在改进之前，他们也得适应和接受。当然，女孩也可以主动向男孩示爱，但在传统观念的影响下，大多数女孩还是觉得被动是更好的做法。想要知道一个女孩对异性的观感，必须从她们的言行举止和衣饰打扮中寻找线索。可以这样说，在和异性接触时，男人更简单直接，女人更含蓄内敛。

现在我们进一步讨论这个问题，在婚姻中，对伴侣的性吸引力是非常重要的。通常来说，对彼此感兴趣的夫妻不会遇到缺乏性吸引力的问题。这个问题一旦出现就意味着平等友善的合作关系已经宣告破裂。有些夫妻觉得自己仍然对配偶感兴趣，只是生理上的吸引力发生了退化。这种说法并不成立。我们的嘴巴会说谎，头脑会混乱不清，但身体一定是诚实的。性功能衰退意味着双方的合作陷入了困境，两个人（或其中一个人）厌倦了这场婚姻，想要抽身而退。

和其他动物不同，人的性驱动力是延续不断的。正因为如此，人类才获得了长久的幸福。这也是人类扩大种群数量，抵抗生活中各种磨难乃至灾祸的办法。其他动物用其他方法来保证种族的延续，比如有些动物一次可以产很多卵，虽然有一部分在成熟前就遭到毁坏，但仍有很大一部分得以保全。生儿育女也是人类保全自己的方式。我们发现，真正关心人类幸福和未来的人，对孩子都充满期待。而那些不关心同伴利益的人，往往也不愿意担负起养育孩子的责任。这种人只关心自己，把孩子当成累赘，觉得孩子只会给自己的生活带来无穷无尽的麻烦。美满的爱情和婚姻，必然有抚育孩子的过程。每个想要结婚的人都该明白，婚姻是延续人类命脉的最佳方案。

我们在社会生活中提倡一夫一妻制，是因为它可以很好地解决爱情和婚姻问题。对伴侣的兴趣和关心，是建立美好婚姻关系的基石。我们知道这种关系很容易破裂，任何人都无法保证婚姻关系永远牢不可破。但是想要解决爱情和婚姻中的问题，最好的办法是把它当作一种社会工作。

婚姻破裂主要是因为夫妻二人没有通力合作以建造美满的婚姻关系，只想索取，不想付出。用这样的态度对待婚姻，婚姻失败几乎是必然的结局。不要把婚姻和爱情想得太过美好，那并不现实，但也不要像某些人说的那样，把婚姻当成爱情的坟墓。婚姻是两个人共同生活的开始。结婚之后，他们会对生活和工作有更清楚的认识，因而才有了为社会创造价值的机会。

传统文化有一个很典型的观念，就是把结婚当成终点或最终目标，很多小说都把年轻男女缔结婚姻作为故事的结局，好像一结婚，一切就都有了完美的结局，但是事实上，结婚只是新婚夫妇面临考验的起点。我们必须注意，爱情不是解决问题的灵丹妙药。爱情的形式多种多样，工作、兴趣和合作才是解决婚姻问题的有效手段。

婚姻关系并没有任何奇妙之处。每个人对待婚姻的态度都是以他的生活方式为基础的。如果我们想要了解一个人的婚姻态度，最好对他的品性有全面的认识。伴侣的婚姻态度决定了他的努力方向。我们发现，那些想要从婚姻中挣脱出来的人大多都是被宠坏的孩子。这种人对社会的威胁很大，他们生理上虽然已经成熟，但心理年龄还停留在四五岁的阶段。无论何时，他们想的都是："我能不能得到我想要的东西？"如果得不到，他们就会觉得人生没有意义。他们悲观厌世，神经兮兮，总想从自己错误的生活方式中总结出重要的人生哲学。他们把这种错误的哲学当成人间至宝，觉得这个世界压制了他们的本能欲望和情感，因而对世界充满怨恨。他们经历过一段要什么有什么的美好时光，以至于他们很多人都相信：只要自己喊得够大声，愤怒、怨怼的情绪够激烈，不合作的立场够鲜明，就能得到自己想要的东西。他们自私自利，对社会的利益漠不关心。他们不想付出，只想索取，希望别人知情识趣主动奉献。这种人不会费心去经营婚姻。他们把婚姻当成一场可以浅尝辄止的交易，最好能够想离就离。在结婚之前，他们会和伴侣签下协议，以保障自己自由和不忠的权利。可是一个人如果真的对伴侣感兴趣，他的行为中必然会出现这样的特质：勇于负责，既是一个忠诚的朋友，也是一个忠诚的伴侣。婚姻关系岌岌可危和已经失败的人，不妨检查一下自己在婚姻生活中所犯的错误。

在婚姻生活中，关心孩子的幸福也是一件重要的事情。依照上述观点建立的婚姻，在子女教育方面也较少出现问题。如果父母经常吵架，随时准备抽身而退，如果父母不肯以积极乐观的态度来面对婚姻中的问题，必然会严重影响孩子的发展。

人们可以找到很多理由来放弃婚姻关系，有时候，也许分开真的是一个对双方都好的选择，但是这种决定由谁来下？由那些没有受过良好的教育、对婚姻的意义懵懂无知的人吗？他们对待离婚的态度，和对待结婚的态度几乎没什么区别，都是："这能给我带来什么好处？"这种人的意见毫无参考价值。有些人不停地结婚又离婚，相同的错误一犯再犯。那么离婚的决定，应该由谁来下？

有些人觉得婚姻问题可以找心理医生来解决，在下定离婚的决心之前，尤其应当如此。欧洲的心理医生大多认为个人利益高于一切，如果请他们发表意见，他们通常会让病人找个情人。这种想法显然是错误的。因为他们把爱情和婚姻分开，却不知道它们其实是一个整体，而且和我们人生中的其他问题密切相关。

有些人把爱情当成包治百病的灵丹妙药。爱情和婚姻问题的完美解决，可以使个人人格获得最完善的发展。甜美的爱情可以带来无与伦比的幸福感和价值感。千万不要以为一场美好的爱情可以让有心理问题的人，比如罪犯、酗酒者、精神病患者恢复正常。因为爱情和婚姻一样，都需要细心经营。换言之，只有心理正常的人，才能收获甜美的爱情。有心理问题的人如果没有经过妥善治疗，根本不适合恋爱、结婚，否则必然会遭遇新的危险和不幸。婚姻是一种高尚的理想，想要解决婚姻生活中的问题，必须要付出极大的努力和创造力。唯有身心健康的人，才能挑起这样的重担。

有些人结婚的动机就有问题，例如结婚是为了改善自己的经济条件，找人照顾自己、看对方可怜，等等。这样的婚姻很难走到最后。有些人把婚姻当成遮风挡雨的地方，却不知道婚姻更像是另一场挑战。有个年轻人在学习和工作上都遭遇了失败，他觉得自己可能命中注定就是一个失败者，于是他把婚姻当成验证这一观点的试验品，而婚姻果然给他带来了各种麻烦。

这是一个需要慎重对待的问题。我们的文化对男性比对女性更宽容，因而婚姻失败给女性带来的伤害，也总是比男人更大。个人的反抗无法改变这种状况，不仅如此，还会损害个人的社会关系和对伴侣的兴趣。想要改变这种状况，唯一的办法就是认清当前社会的主流思想，然后努力去改造它。底特律的洛希教授调查发现,在他的所有咨询者中,有 42% 的女性渴望变成男性,很明显,她们对自己的性别并不满意。如果有一半的人都觉得灰心失意,爱情和婚姻的问题该怎么解决?如果女性无法获得和男性平等的地位,如果社会普遍认为在婚姻中女性其实是男人的附庸,如果女性无法摆脱受压迫的感觉,如果男人可以见异思迁、脚踏两条甚至三四条船,那么爱情和婚姻的问题必定永远都无法得到完美解决。

综上所述,我们可以得出一个简单且实用的结论:无论是一夫一妻制还是一夫多妻制,其实都不符合人类的天性。但是,人类生活在地球上,人有两种性别,每个人都要和别人生活在一起,这些事实告诉我们,想要获得完美的婚姻和爱情,想要有效解决人生道路上的三大问题,最好的办法就是遵守一夫一妻制。

第十四讲

分析一个人，要有全局意识

每个人都是完整的人格统一体。即使那些心理倾向与行为模式乍看起来截然相反的精神病患者，也一样如此。这就像有些孩子在学校和在家里完全是两种表现一样，有些成人性格多变，让人难以捉摸。再比如两个人的行为和态度看起来一模一样，但只要仔细研究其潜藏的行为模式，就会发现他们完全不同。两个人看起来做的是相同的事，目的可能截然相反；两个人看起来做的事完全不同，也可能有着相同的目的。

个体即整体

在个体心理学的实践中有一种常见的错误做法，就是用"意识"和"无意识"这两个术语来贴标签。意识和无意识并不像人们通常认为的那样处于对立或冲突之中，事实上，两者向着同样的方向一起运转,而且两者之间也有没有明确的分界线。重要的是发现它们共同努力的目的。想要分清哪些是意识,哪些是无意识,必须先捋清两者之间的关系。下面这个案例刚好可以说明意识、无意识和原型之间的紧密联系。

有个40多岁的已婚男人非常焦虑,跳楼寻死的念头在他头脑里挥之不去,他时时刻刻都要和这种求死的欲望做斗争。除了想跳楼,他没有任何不正常的地方。他婚姻幸福,事业有成,交游广阔,人生的三大问题看似都得到了完美的解决。只有从意识和无意识相互合作的角度,才能解释这个案例。在意识上,他有一种跳楼的冲动(或者说他感觉到自己必须跳楼),但直到现在他也没有跳,仍然活得好好的。为什么?因为他人生的另一面,跟自杀的欲望做斗争的一面发挥着重要的作用。由于无意识的这一面和意识的合作,他赢了。在他的生活方式中,他是一个已经实现了优越目标的征服者。读者也许会问:"一个在意识上有自杀倾向的人,怎么可能获得优越感?"这是因为他身上还有一种和自杀倾向相抗衡的东西,正是这场斗争的胜利,使他成为征服者和优越者。事实上,是他自己的软弱激发了他对优越感的追求,每一个自卑的人都会追求优越感。重要的是,在这场追求优越感的天人交战中——体现在潜意识层面的求生欲、征服欲与体现在意识层面的死亡欲、自卑感,前者战胜了后者。

那么,这个人的原型发展与我们的理论是否相符呢?

他的早期记忆显示,他小时候在学校里遇到过一些麻烦。他不喜欢其他男孩,想要远远地避开他们。但理智告诉他,不能这么做，所以他必须战胜自己的软弱，鼓起勇气来和他们接触、交往。他正视了自己的问题，并解决了问题。

研究这位病人的性格之后，我们发现他的一个人生目标就是克服焦虑和恐惧。他的意识和潜意识围绕着该目标形成了一个整体。如果不把这个病人视为一个整体，我们就很难相信他有什么优越感和成功之处，只觉得他是个野心勃勃却胆小怯懦的好战分子。这个观点是错误的，因为它没有考虑到这个案例中的全部事实，没有遵循个人生活的整体原则。除非我们接受这种观点——一个人就是一个整体，否则我们的整个心理学，我们为认识个体所做的一切努力，都会徒劳无功。如果我们预设了人生的两面性，却不把这两个方面联系起来，怎么可能把人生看作一个完整的整体呢？

考察"社会背景"很重要

我们在考察一个人的时候，不但要把个体视为整体，还要考虑到他所处的社会背景。举个例子，刚出生的婴儿非常脆弱，必须得到他人的照顾和保护，孩子的自卑感会因为这种照料而得到补偿。只有考虑到这一点，我们才能真正理解孩子的生活方式。单单从孩子的身体状况和他外在的活动空间去分析这个孩子，我们永远无法真正理解他和母亲、和家庭之间的关系。孩子的性格不只和他的身体特征有关，还和他身后的社会背景有关。

以上分析不仅适用于孩子，在某种程度上也适用于成人。因为脆弱，孩子必须在家庭里生活；也是因为脆弱，成人必须在社会中生活。没人能独自解决人生中的一切困难，纷至沓来的困难让人心力交瘁、不堪重负，所以我们可以在成年人身上看到一种明显的倾向：组成各种团体，共同抵御人生的困境。这样一来，他们就成了团体的一员，而不是一个孤立的个体。毫无疑问，这种社会生活对个体克服自卑感和无力感有极大的帮助。

在动物的世界里，情况也是如此。越是弱小的动物，越要过群居生活，这样它们才能用群体的力量来满足个体成员的需求。一头水牛不可能抵御狼群的袭击，而一群水牛却可以把头靠在一起，用后腿赶走敌人。老虎、狮子和大猩猩有大自然赐予的超强体力、尖牙利爪，当然可以离群索居、独立生活，但是人类拿什么来保护自己呢？所以说，社会生活的起点，其实是个体的软弱。

这个事实告诉我们，虽然社会中的个人在天赋和能力上各有不同，但只要社会架构是合理的，它就能及时补偿每个人能力上的不足。我们必须牢记这一点，否则很容易陷入这样的误区：把能力作为评价个人价值的唯一标准。事实上，在孤立环境里的能力缺陷，很大程度上会在结构合理的社会里得到补偿。

假设我们的不足是遗传的，那么心理学的目的就是增强个人的合作能力，减少生理缺陷对他们的影响。社会的发展史，其实就是人类通力合作，以克服缺陷和不足的过程。众所周知，语言是一种社会性的发明，但又有谁知道这项发明的产生，其实是因为个体的缺陷？我们有足够的证据可以证明这一点，比

第十四讲
分析一个人，要有全局意识

如孩子早期的行为模式。

婴儿在自身需要没有得到满足时，会发出某种类似语言的声音来引起他人的注意。但是如果婴儿不需要引起他人的注意，他就根本不想说话。在孩子出生的几个月之内都是这样。母亲对孩子照料得越精心，孩子学会说话的时间就越晚。因为在他开口之前，母亲就满足了他的需要。有资料显示有些孩子直到6岁才会说话，因为他们没必要说话。同样的道理也适用于聋哑父母的孩子。当他跌倒受伤时，他哭了，但他哭得没有声音。他知道声音是没有用的，因为他的父母听不见。因此他做出哭的样子，为的是让父母注意，但这种哭是无声的。

由此可知，我们若想真正理解一个人的"优越目标"，只看他自己是不行的，还要参考他所在的社会环境。无论何时，我们都要认真观察个体所处的整个社会背景。除此之外，站在社会形势的角度来考虑问题，也能让我们对一些特定的适应不良情况有更清楚的认识。很多适应不良的人无法用语言和他人正常交流，结巴就是一个典型的例子。研究一下那些说话结巴的人，你会发现他们从出生那天起，就不能很好地适应社会，对交友和社交活动都没什么兴趣。与人交往是发展语言能力的必要条件，但是他们偏偏不喜欢与人交往，所以结巴的状况就一直没得到改善。说话结巴的人一般有两种倾向：一种是与人交往，另一种是孤立自己。

我们发现，越缺乏社会经验的人，在以后的生活中越容易怯场。他们不敢在大庭广众之下发言讲话，因为他们把听众当成自己的敌人。当他们面对看似充满敌意和强势的观众时，会有一种自卑感。事实上,一个人只有信任自己和听众,才能在台上从容流利地发言。

自卑感和社交训练的问题是紧密相关的。自卑感是社会适应不良引起的,克服自卑感的最好的办法当然就是社交。

社交训练和常识训练直接相关。人们用常识来解决困难,这里说的常识指的是社会群体的共同智慧。但有些人是按照私人语言和个人理解来行事的,比如精神病患者、精神错乱者和罪犯,都是如此。每个有心理问题的人都有这样的倾向。他们对人、机构和社会规范没有任何兴趣,可是他们要想恢复正常,又必须通过这些事物。

让这些人对社会现实感兴趣,就是我们的首要任务。神经质的人总是觉得只要表现出善意就够了,但我们需要的不仅仅是善意。我们必须教育他们,对社会来说,重要的是他们实际上做了什么,他们实际上付出了什么。

生命曲线图

如果说有什么办法能将个人特质和早期记忆之间的联系以最清晰直观的形式表现出来,那一定是类似数学公式的曲线图。我们以个体的运动为点,两点一线绘制记录病人整体运动模式的生命曲线图,或者说精神轨迹图。个体的任何运动都以这条曲线为依据。它是个体从童年最早期就开始遵循的行为模式。有些读者或许会说:这种简化的方式,是对人类自由意志和判断力的诋毁，是对人类命运的轻视，因为这意味着人根本无法成为命运的主人。就自由意志而言，这种说法其实是正确的。我们认为行为模式是一种决定性元素。从童年早期开始，行为模式的实质内容、精神、意义就已经定型了，只是成人后，由于环境变化或其他原因，最终的结构会有些细微的差别。

早期记忆直接影响孩子的发展方向，决定他在未来生活中面对挑战会有什么反应。所以我们在评判一个人的时候，一定要注意研究他的早期记忆。他在婴儿期感受到的特殊压力必然会影响他的人生态度，因为所有世界观和人生观的基础都是业已成型的潜藏的心理能力。

虽然人生态度的表现方式会发生变化，但它成型的时间是在孩子的早期阶段，因此我们很有必要给孩子创造一种不会轻易误解人生的环境。在此期间，孩子的体力、抵抗力、自身地位和教育者的性格特征，都会发挥至关重要的作用。刚出生的孩子用反射性的和无意识的本能来对生活作出反应，可是在一段时间后，他会按照生活中的具体目标，作出不同的反应。换言之，决定新生婴儿情绪反应的关键因素，是人类的本能需求。但是后来，他获得了一种能力，可以躲避或战胜这些本能欲望。这种改变发生在孩子有自我意识的那一刻，也就是他知道什么是"我"的时候。也是在这个时候，孩子意识到他处在和身边环境的固定关系中。这种天然的联系绝对不是中性的，因为它会强迫孩子以自己的人生观和世界观为依据，来调整他和外界的关系。

前面关于人类精神生活具有目的性的讨论，告诉了我们这样一个事实：人类行为模式的一个重要特性就是：它是一个坚不可摧的统一体。日渐增多的实例足以证明，每个人都是完整的人格统一体。即使那些心理倾向与行为模式乍看起来截然相反的精神病患者，也一样如此。这就像有些孩子在学校和在家里完全是两种表现一样，有些成人性格多变，让人觉得难以捉摸。再比如两个人的行为和态度看起来一模一样，但只要仔细研究其潜藏的行为模式，就会发现他们完全不同。两个人看起来做的是相同的事，目的可能截然相反；两个人看起来做的事完全不同，也可能有着相同的目的。

精神生活的表现可能有多重含义，所以在评判它们的时候，绝不能将其当成一种孤立的现象，一定要以指引它们的那个统一目标为依据。只有把现象放在个人整体的生活中，才能看出它的真实价值，想要了解个体精神生活的真实含义，就要明白个人的一切表现都基于同样的行为模式。

每个人都有自己的人生目标，所有行为都以这个目标为基础，都受这一目标的约束。只要明白了这一点，我们就能知道人类最容易犯错的地方在哪儿。每个人都是以自己独有的生活方式为依据，利用自己的成功经验和精神资源的。因为我们从不怀疑、从不验证自己的感受，无论这种感受是来自意识还是无意识，只会单纯地接纳、转化、吸收它们。只有科学能够点明、揭露、改进这种行为模式。接下来，我们通过一个案例对以上观点加以总结。在这个案例中，我们将借助个体心理学的概念来分析、阐述各种现象。

不可抗拒的行为模式

有个年轻的女病人到医院求助，她说自己总是非常烦闷，无法抑制地心烦，还说这种情绪和她整天被繁杂的琐事包围，终日忙碌不堪、疲于应付有很大关系。单从她飞速转动的眼睛上，就能看出她是个急躁的人。她抱怨说，即使很简单的工作，也能让她感到极为焦虑不安。她的家人和朋友说，她把每一件事都看得很重，事情又多，快要被压垮了。医生觉得她过于较真，其实很多人都有这个问题。家人对她的评价是："总是小题大做，连无关紧要的小事，也慎重对待。"这进一步证明了医生的猜测。

一个人如果把每件事都当成难以完成的巨大任务，想象一下，他会给身边的人和他的伴侣留下什么印象？这显然是在告诉别人：我连最基本的工作都干不了，其他工作就不要交给我了。

为了进一步了解这名女病人的人格，医生鼓励她多说一些自己的情况。在交流期间，医生的态度一直非常温和，尽可能旁敲侧击，以免让她产生被压制和被控制的感觉，激起她的反抗情绪。医生的友善慢慢赢得了她的信任。她开始主动说起自己的情况。医生发现她这辈子关心的目标只有一个，就是得到他人的关爱。她的行为表明她想告诉大家（尤其是她的丈夫），她已无力承担任何义务和责任，需要被细心地照顾和呵护。不难想象，她的这种需求在很久以前就已经出现了。事实证明，这种猜测是对的。她说有一段时间，她非常想要得到别人的温情和照料。

这样看来，她的每个行为都是因为太过渴望温情和关爱。过去她对柔情和爱的渴求不知为何一直没得到满足，现在她很怕这种情况再次发生。

她提到的其他一些情况也可以证明这一点。她说她有一个朋友正在跟丈夫闹离婚。几年前，她去探望这位朋友时，看见朋友拿着一本书站在那儿，用烦闷的语气对丈夫说自己很累，不想做午饭了，结果被丈夫一通大骂。那位丈夫言辞刻薄，对妻子的人格进行了全面的侮辱，弄得妻子颜面尽失，尊严扫地。她由此有了这样的想法："我必须用更好的方式来处理这种情况。我每天都很忙，就没人会用这样的方式指责我。因为工作太多，即使没能及时把午餐做好，别人也不会多说什么。在这种情况下，我怎么能放弃这种生活方式呢？"

她的心思并不难猜，她想要用一种较为温和的方式来获得优越感，通过不断向他人索取温情，逃避指责和非难。表面上看，她没有任何理由放弃这种效果显著的方法，但其实她的行为还有其他含义。她永远都不会放弃对温情的渴求，但这同时也是一种支配他人的欲望。换言之，她既渴望温情，又想控制别人。这一定会导致很多矛盾。任何不受控制的事情，都会使她感到焦虑烦躁。如果家里有什么东西找不到了，她一定会大张旗鼓地去找，弄得自己焦头烂额、心烦气躁，晚上连觉都睡不好。接到别人的邀请——这对她来说当然也是天大的事,她会给自己列出一大堆必须完成的准备工作。芝麻粒大的事,到了她眼里都是大事,出门访友就更是如此。没有几个小时或几天的准备,她是绝对不肯出门的。对于社交活动,她不是婉拒就是迟到。这种人的社会感绝不会很强。

过于渴望柔情也会给婚姻生活带来麻烦。想象一下,当丈夫因公出差时、出门访友时、出席所在协会的聚会宴会时,如果不能带妻子同行,他们的夫妻情感岂不是要受到影响?客观地说,婚姻确实会把丈夫更多地留在家里。这种义务虽然有温馨甜蜜的一面,但是如果过了度,怕是任何一个有工作的男人都承担不起,也不愿意承担。如此一来,矛盾几乎是不可避免的。在我们的案例中,这种矛盾很快就出现了。有时丈夫回家很晚,为了不打扰妻子休息,连上床的动作都刻意放轻了,结果吃惊地发现妻子根本没睡,正用指责的目光"含情脉脉"地看着他。

可想而知,类似的情况还有很多。需要注意的是,我们正讨论的这种小缺陷,不只女人有,很多男人也有。我们论述的重点是,渴求关爱的表现方式多种多样。在这个案例中,丈夫如果偶尔回家晚了,妻子会用玩笑的口吻对他说:"你的社交活动也不多,平时不用那么早回来。"这样看来,妻子的表现和我们之前的评价并不一样,但是只要仔细观察,就会发现两者之间的联系。这位妻子很聪明,表面上看,对丈夫的管束并不严厉。她容貌俏丽,性格看起来没什么缺点,让我们感兴趣的是她的思维方式。她和丈夫说的那番话,其实是把自己放在了控制者的位置上。她把丈夫的晚归变成了得到自己批准后的行动。当然，如果丈夫经常不询问她的意见，随意晚归甚至不归，她一定会变得焦躁不安。她的话给整件事披上了一层面纱，把自己变成了夫妻里发布命令的一方。就算丈夫只是履行自己的社会义务，外出工作或者社交，看起来也像是按照她的心愿行事。

当我们把她对柔情的渴望和我们的发现（只有处在控制者的位置上，她才能感到安心）联系到一起，便会发现，不愿意成为他人附庸的动力贯穿了她的整个人生，她一直想成为控制者，绝不允许任何批评的声音损害到她的安全地位，她把自己限定在一个狭小的空间里，要求自己永远处于核心位置。这种倾向表现在她行为的方方面面。比如，寻找新女仆时，她会非常焦虑，因为她不知道新的女仆会不会像上一位女仆那样，对她毕恭毕敬、俯首帖耳。出去散步的时候，她也会非常紧张，因为外面的世界并不在她控制之内。走在路上，她发现自己控制不了任何东西，不敢接近车，不敢靠近行人，把自己变成了一个温顺的服从者。只要了解她在家里的专制、强横，就能知道她的紧张焦虑因何而来。

以上性格特征可能穿着各种愉悦的外衣，所以，我们无法从外表上看出一个人心里是不是承受着巨大的折磨。想象一下，这种情绪被放大之后，会发生什么事？比如那些由于在车上无法随意行走而不敢坐公共汽车的人，这种情绪发展到最后，他们甚至连家门都不敢出。

从这个案例中，我们还可以看到早期记忆对个人生活的巨大影响。不得不说，站在病人的角度上，这个女人的做法其实是有效的。对一个极端渴望温情、尊重和荣耀的人而言，还有比装出一副不堪重负、心力交瘁的样子，更能简单有效地达成目标的方法吗？这样，她既能得到自己渴望已久的温情，又能避开一切指责，避开任何可能损害其心理平衡的事物。

了解病人的生活经历之后，我们发现，她早在学校念书时就已经开始使用这种方法了。每次她没完成作业，都会表现出一副恐惧的样子，如此一来，老师也不敢过分指责她，不仅如此，还会柔声安慰她。她说自己是家里的长女，下面还有一个弟弟、一个妹妹。因为父母偏心，她经常和弟弟吵架。更让她生气的是，父母关心弟弟的成绩，她成绩再好，也得不到他们的一个笑脸。她觉得无法忍受，整日抱怨父母没有看到她的优秀之处。

毫无疑问，这个女孩渴望父母的平等对待。她对自己的性别感到自卑，为了克服这种自卑感，她付出了极大的努力，可是优异的成绩没能帮她打败弟弟。她于是想到，也许糟糕的成绩能帮她争取到父母的关注。于是，她把自己变成了差生，父母果然开始注意她、关心她。这种方法虽然看起来很幼稚，对她来说却很合理。她的某些小手段必然是经过精心策划的，她说得很清楚："在那个时候，我需要成为一个差生。"

可是没过多久，忽然发生了一件很有意思的事——她的成绩恢复了。因为这个时候，成绩一直很差的妹妹又出现了品行方面的问题。品行差和成绩差不一样，会带来截然不同的社会效果，这种情况很危险。相比于她只有成绩差，父母自然会把注意力更多放在妹妹身上。

就这样，她追求平等的斗争失败了，但是没有人愿意被忽视，所以失败带来的不会是和平，这种情况对她性格的形成影响很大。现在，我们知道她为什么总是小题大做、忙忙碌碌、急于把自己不堪重负的样子展现在人前了。这些行为，一开始是想让她的父母像对待弟弟妹妹那样对待她，控诉父母对自己的忽视。当时形成的基本态度一直延续到了今天。

我们还可以继续向前回溯，看看她的早期记忆。童年的一段经历，她至今还记得很清楚。当时，弟弟刚刚出生，她拿着一块木头想要打他，幸亏被小心翼翼守在一边的母亲拦了下来，才没有铸成大错。虽然只有3岁，但她已经知道自己为什么会受到忽视——因为她是个女孩。她不止一次想过，也明确说过："我如果是男孩就好了。"这件事给她留下了深刻的印象。弟弟的出生不仅夺走了父母的关心和爱护，还让她备受羞辱。因为弟弟是男孩，父母几乎把全部注意力都放在他身上。在设法补偿这种缺陷的过程中，她偶然发现只要自己装出被工作压得精疲力竭的样子，就能得到更多的关心和更少的责备。

通过她的一个梦，我们可以清晰地看到，这种行为模式已经融入她的心灵深处。这个梦是这样的：她在家里和一个很像女人的男人讲话，仔细一看，那个人居然是她丈夫。这个细节表明了她应对人生经历和人际关系的方式。这个梦表明，丈夫在她眼里不是弟弟那种占有优势地位的男人，而是和她一样的女人。两人地位是平等的。在梦里，她得到了自己渴望的一切。

如此一来，我们就把个人精神生活的两个点连接在了一起。通过这种方式，我们可以更加清晰直观地了解她的生活方式、生命曲线和行为模式。由此，我们得到了关于这位女士的整体印象：她以温柔的手段扮演着一个领导者的角色。

第十五讲

▽

当孤独把人推向边缘

没有谁的合作能力和社会感是完美无缺的,每个人内心深处或多或少都会有孤独感。我们常说:"天才往往是孤独的。"其实,犯罪分子也是非常孤独的,只不过他们的孤独感把他们引向了人生的无用面,引向了犯罪的边缘。

缺乏社会感,人就会感到孤独

个体心理学使我们认识了不同类型的人,可是人和人之间的差异也许并没有那么明显。我们发现,那些边缘人群,无论是自杀者、酗酒者、性欲倒错者,还是精神病患者、罪犯、问题儿童,他们的失败都属于同一个类型:他们全都是在处理某个人生问题时失败了,他们全都缺乏社会感,对别人漠不关心,他们都是充满孤独感的人。即使这样,我们也不能把他们视为异类,避之唯恐不及。没有谁的合作能力和社会感是完美无缺的,每个人内心深处或多或少都会有孤独感。我们常说:"天才往往是孤独的。"其实,犯罪分子也是非常孤独的,只不过他们的孤独感把他们引向了人生的无用面,引向了犯罪的边缘。

还有一点可以让我们对罪犯有更加清楚的认识,就是他们和别人一样,都想战胜困难,都在努力实现自己的目标。杜威[1]教授认为这是对安全感的追求,事实正是如此。也有人说这是对自我保护的追求。无论我们怎么称呼它,人类身上有一条主线是肯定的,就是竭尽所能地从卑微走向优越、从失败走向成功。这是人类生命的主旋律。所以,如果你发现罪犯身上也有这样的倾向,不必感到惊讶。罪犯的行为和态度表明,他们也在努力战胜困难,也想追求优越感。他们和别人的区别并不在于他们有没有这种追求,而在于他们追求的方式。当我们了解他们之所以采取这种方式,是因为他们不了解社会生活的要求和不关心他人时,我们就会知道,他们的行为是非常不明智的。

很多人认为罪犯是异常的人,和普通人完全不同。例如,有些科学家就曾经断言,所有罪犯都是心智低能者。有些人特别重视遗传,坚信罪犯天生就有问题,是生来注定要犯罪的。另外还有人主张,罪恶是环境所造成的,认为人一旦犯罪,就永远都无法改正。现在已经有许多证据足以反驳这些观点,而且我们也必须看到,如果我们接受这些观点,犯罪问题就无从

---

1. 这里指约翰·杜威(John Dewey,1859 — 1952),美国著名哲学家、教育家、心理学家,实用主义的集大成者,也是机能主义心理学和现代教育学的创始人之一。——编者注

解决了。消除这种人间悲剧，值得我们用一生去努力。我们必须采取行动去解决这个问题，绝不能眼睁睁地看着悲剧发生，然后无可奈何地说："这些都是遗传的结果，我们一点办法也没有！"

环境和遗传都不是决定性的力量。同样的家庭，同样的社会环境，培养出来的孩子可能天差地别。家世清白的罪犯并不少见；在犯罪家庭中，也有品行良好的孩子。还有一些罪犯后来痛改前非，重新做人。如果犯罪真的是被遗传或环境所决定的，那么这些情况又该如何解释？但是，从我们的观点来看，这些情况就不难理解。也许他们的处境已经有所改善，对他们的要求减少了，他们不必再按照错误的方式生活下去；也许他们已经得到自己想要的东西；也许他们年纪大了，骨骼僵硬，行动不便，很多犯罪活动，比如盗窃，已经没有能力参加了。

在进行更加深入的讨论之前，我们必须抛弃"罪犯都是疯子"这样的观点。虽然有些精神病患者确实也会犯罪，但他们的犯罪和一般犯罪是不一样的，他们用错误的方式对待自己，并不知道自己在犯罪，我们也不认为他们应该为此承担责任。同样，我们也应该谅解心智低能的罪犯，他们其实只是一件工具而已，真正的罪犯是隐藏在他们身后的主谋。这些人用虚假的美好前景激起了心智低能者的幻想或野心，把后者变成了执行犯罪计划的牺牲品，自己却隐藏在幕后。当然，当经验老到的罪犯唆使年轻人去犯罪时，情况也是这样。精于此道的罪犯制定好了犯罪计划，再哄骗年轻人去执行。

过度追求个人优越感，就是在犯罪的边缘试探

现在，让我们回头再讨论前面说过的人生主线，每一个人，包括罪犯，都是沿着这条主线在追求成功和优越地位的。当然，在这些目标之间，有许多差异。我们发现，罪犯的目标总是在追求属于他们个人的优越感。他们所追求的，对别人一点贡献也没有，他们也不和别人合作。社会需要各种各样的人，我们都有合作的能力，都彼此需要，也都是有用的。但是，罪犯的目标却不包括这种对社会的有用性，这就是罪犯最显著的特征。我们暂且不说这种表现的原因，先来聊聊罪犯在合作中失败的程度和本质，这可以使我们深入了解罪犯。每个罪犯的合作能力各不相同，有些罪犯对自己有要求，因此不会犯下重罪，有些罪犯则什么滔天大罪都敢犯。他们有些是主谋，有些是从犯。想要深入了解罪犯，必须先了解他们的生活方式。

个人典型的生活方式很早就建立起来了，孩子四五岁时，已经可以看出其生活方式的主要轮廓，因此，改变生活方式并非易事。生活方式是个人自己的人格，只有了解自己在建造它时所犯的错误，它才能改变过来。所以，我们可以了解，为什么有许多罪犯虽然被惩罚过无数次，受尽侮辱和轻视，并丧失社会生活的各种权利，却依然我行我素，一再犯下同样的罪行。

强迫他们犯罪的，并不是经济困难。当然，在经济不景气，人们负担加重时，犯罪率会直线上升，统计结果也表明，犯罪率的上升与物价上涨成正比,但这不足以证明,经济形势会导致犯罪,这只能证明人们的行为是受到限制的。例如,他们的合作能力是有限度的,超过这个限度,他们就不再贡献自己的力量。他们拒绝再合作,而加入犯罪的阵营。很多人在优越的环境下表现得一切正常,但是当生活中有太多他们无法应付的问题时,他们就开始犯罪了。此时,最重要的影响因素就是生活方式,也就是应对问题的方式。

从个体心理学的经验中,我们能得出一个简单的结论:罪犯对他人不感兴趣,他们的合作能力非常有限,他们只能合作到某一限度,超过这个限度,他们就开始犯罪。当他们遇到无法应付的问题时,他们的合作限度就崩溃了。

如果我们考虑每个人都必须面临的人生问题,以及罪犯无法解决的问题,我们就会发现,在我们的一生中,我们所有的问题都和社会有关,而这些问题只有当我们对他人感兴趣时,才能获得解决。

个体心理学家把人生问题分成三大类。第一类是友谊问题,也就是和他人之间的关系问题。罪犯也会有朋友,但多半是些臭味相投的朋友,他们拉帮结派,彼此也能推心置腹。但我们很快就能看到他们是如何缩小自己的活动范围的——他们不和普通人交朋友。他们把自己当成局外人,也不知道该怎么做才能在和普通人打交道时感到自在。

第二类是和职业有关的问题。很多罪犯在被问到职业问题时,都会这样回答:"你不知道工作有多累!"他们认为工作是一件苦差事,他们不愿意像普通人那样努力工作。有益的职业需要和他人建立良好的合作关系，为社会做出贡献，而这正是罪犯人格中所缺少的。很多罪犯很早就显露出缺乏合作精神的情况，他们对解决职业问题都缺乏很好的准备。罪犯大多没有一技之长，他们的困难早在上学期间，甚至还没上学的时候，就已经显露出来了。他们从未学会合作之道。要解决职业问题，必须先学会与人合作，但是这些罪犯偏偏与此道无缘。所以，不能过分责怪他们在职业问题上的失败，就像我们不能责怪没有学过地理的人在地理考试中考得一塌糊涂一样。

第三类是和爱情有关的问题。美好的爱情离不开对伴侣的兴趣和合作。需要注意的是，很多罪犯在被送进监狱时都患有性病。这表示他们对爱情问题采用一种简单的解决方法。他们把爱情当成可以花钱购买的商品。对他们来说，性是征服和占有，与爱无关，与相伴一生的伴侣无关。很多罪犯都表示："如果不能随心所欲地得到我想要的东西，活着也没什么意思。"

现在我们知道，想要矫正犯罪行为该从何处入手了——教他们以合作之道。只在管教所里对他们施加刑罚，是没什么用的。他们被释放后，很可能会再次犯案。社会绝对无法将罪犯完全隔绝开来。因此，我们要问："既然他们还不适合过社会生活，我们该拿他们怎么办？"。

在所有的人生问题中都不愿意与人合作，这并不是一个小问题。每一天，我们都时时刻刻需要合作。合作能力的强弱，体现在我们的观察、倾听和表达方式中。研究表明，罪犯的观察、倾听和表达方式，都和别人不同。他们有不同的语言，我们不难猜测，这种差异可能会妨碍他们智力的发展。当我们说话时，都希望每个人都能理解我们在说什么。理解本身就是一种社会因素。我们给予语言一种共同的解释，我们理解语言的方式应该和他人达成一致。但是罪犯不是这样，他们有自己个人的逻辑和思路，这一点从他们对犯罪行为的解释中就可以看出来。他们并不是智力低下，如果我们接受了他们错误的优越目标，他们的结论大多是十分正确的。

举个例子，有个罪犯会说："我看到那个人有一条特别好的裤子，而我却没有，所以我要杀死他！"如果我们承认他所有的欲望都必须得到满足，而且没有人要求他以正当的方式谋生，那么他的结论就是相当明智的，可是却太缺乏常识了。

最近匈牙利发生了一起刑事案件，几个女人用毒药谋杀了许多人。其中一个女人在接受审讯时说："我的儿子病得奄奄一息，我只好毒死他。"如果她不想再合作了，这就是唯一的办法。她神志清醒，只是统觉表和正常人不同。为什么有些罪犯看到喜欢的东西时，只想不劳而获直接占有，并且理直气壮地认为在这个他们不感兴趣而又充满敌意的世界中，这个东西就应该属于他们？原因就在这里。他们误解了这个世界，也误解了自己的重要性和别人的重要性。

孤独者的懦弱

需要注意的是，缺乏合作精神的最主要原因并不是错误的世界观和人生观，而是懦弱。罪犯全都是懦夫。这种懦弱体现在他们所犯的罪行中，也体现在他们面对生活的方式中。抢劫的时候，他们要躲在僻静阴暗的地方，趁行人不备，持械行凶。罪犯自以为十分勇敢，但我们却不能受其愚弄也这么想。他们是模仿英雄的懦夫，他们在犯罪的道路上追逐着自己幻想出来的个人优越目标，他们自以为是英雄，其实这又是一种错觉，也是缺少常识的表现。

当我们揭穿罪犯的懦弱真相时，他们一定惊讶不已。罪犯会由于警察的失利而获得一些优越感，他们时常会想："警察抓不到我。"不幸的是，如果仔细追查每一个罪犯的人生经历，我们会发现，他们都是多次犯罪之后才被警察抓到的，所以他们被捕时总是会这样想："这次我有哪些地方失策了，下次一定要做得干净利落。"如果他们侥幸逃脱，他们觉得自己达到了目标，于是洋洋自得地接受同伙的赞叹和祝贺。

我们必须破除罪犯对自己智力和勇气的这种错误认知。我们可以在家庭、学校或管教所里做到这一点。

现在，我要进一步讨论造成合作失败的环境。有时候，我们必须把这个责任归到父母身上。也许母亲没有学会怎么使孩子与她合作，她或许认为没人能够帮她，或许自怨自艾，自己都不能和自己合作。不愉快或破裂的婚姻也会影响合作精神的发展。母亲是孩子的第一个合作对象，但是母亲很可能没有引导孩子对父亲或他人产生兴趣。另外，孩子可能一直觉得自己是家里的霸王，直到另一个孩子出生，把他从王位上拉了下来。这些因素都必须仔细考虑。如果追溯一个罪犯的生活，我们会发现，他的麻烦大都从早年的家庭生活中便已经开始了。最具影响力的因素不是环境,而是他对自身地位的误解,以及没人及时开导他。

在一个家庭中,如果有一个孩子表现格外优异,其他孩子总会觉得很难堪。这种孩子获得了最多的注意,其他孩子则觉得气馁而愤愤不平,他们拒绝合作,因为他们想要努力竞争,却又缺乏足够的信心。这些孩子被别人的光芒所遮盖,没有机会表现自己的才能,负面情绪越积越多,人格渐渐偏离正轨,很容易发展成罪犯、自杀者或精神病患者。

缺乏合作精神的孩子进入学校,就表现出了诸如不喜欢老师、不和同学交往、不认真听讲等缺点。如果老师不理解他们,他们会遭受更多的打击。他们会受尽冷嘲热讽,而没有人鼓励他们,没有人教他们如何与人合作。他们的能力和自信常常遭到打击,他们自然不可能对学校生活产生兴趣。很多罪犯13岁还在上四年级,而且经常因为愚笨而受到责备,他们对他人的兴趣也逐渐丧失殆尽,他们的目标也渐渐转向人生的无用面。

贫穷也容易使人误解生活。穷人家的孩子在外面可能会受到社会的歧视,他的家庭可能终日被挣扎求生的艰难所笼罩,他们可能很小就要帮忙赚钱贴补家用。所以,当他们看到有钱人过着奢侈的生活、想买什么就能买什么,很容易心理失衡,觉得自己也有权享受这样的生活。这也是为什么贫富悬殊的城市,犯罪率很高。嫉妒不会产生有益的目标,在这种环境下成长的儿童很容易产生误解,以为获得优越感的方法就是不择手段地赚钱。

生理缺陷会导致自卑,我的这个发现无疑为神经学、精神病学的遗传理论提供了现实依据，想来真是不无遗憾。但我们必须明白，引发自卑感的并不是生理缺陷，而是我们的教育方式。只要教育得法，有生理缺陷的孩子一样会对自己和他人感兴趣。如果没有人从旁引导，他们就只会关心自己。确实有些人有内分泌腺方面的问题，但是我们绝对无法说出某种内分泌腺的正常作用应该是什么样子的。既然内分泌腺的作用可以有相当大的变化而不会损及人格，这个因素也就不必考虑了。

　　罪犯之中，有一部分是孤儿，依我之见，如果我们无法在这些孤儿之间建立起合作精神，那我们的文明就是失败的。非婚生子也是如此，没有人引导他们对他人产生兴趣，教导他们合作之道。被遗弃的孩子很容易走上犯罪的道路，尤其是当他们知道没有人要他们的时候。我们发现，很多罪犯相貌丑陋，这种情况曾经被用来证明遗传的重要性。但是，请设身处地地想想，相貌丑陋是一种什么样的体验！他们是非常不幸的。他们几乎是伴随着周围人鄙夷的眼神长大的，父母不喜欢他们，其他孩子捉弄嘲讽他们。只是因为长得丑，他们几乎受到了整个社会的歧视。每个长相丑陋的孩子都承受了巨大的精神压力。但是如果用正确的方法善待他们，他们一样能够发展出社会感。

被宠坏的孩子

　　前面我们说，很多罪犯相貌丑陋，但也有一些罪犯是英俊潇洒的男人。如果说前者是不良遗传的牺牲品，先天的生理缺陷比如残手、兔唇等，使他们受到歧视，最后走上了犯罪的道路，那么英俊的人又为什么会成为罪犯呢？其实，他们也生长在一个很难发展出社会感的环境里：他们是被宠坏的孩子！

罪犯大致可以分为两种类型：一种是没有得到过爱，不知道什么是爱，也不会去爱的——这种罪犯对别人充满敌意，感受不到他人对自己的喜爱和赞赏；一种是在蜜罐中长大，对爱已经麻木的——这种罪犯经常牢骚满腹，说得最多的就是："我落到今天这一步，都是因为我妈妈把我惯坏了。"需要强调的是，尽管罪犯的成长环境和教育背景不一样，但是他们都有一个共同点，就是没有学会合作之道。

父母们可能也想把孩子教育成对社会有用的人，但是他们不知道该怎么做。如果他们整天板着脸，横挑鼻子竖挑眼，他们一定不可能成功。如果他们把孩子视为稀世珍宝，捧在手里怕摔了，含在嘴里怕化了，那么孩子就会觉得自己的存在本身就很有价值，不需要做任何创造性的努力来博得同伴们的赞扬。这种孩子会失去奋斗的能力，他们只会期待别人来注意他们，也期待某些事情发生。如果不能如愿，他们就会开始谴责环境。

接下来，我们通过几个具体的案例来说明以上观点，尽管这些案例并不是为了这个目的才被记录下来的。

第一个案例来自谢尔顿和埃莉诺·T.格鲁克合编的《500名罪犯的人生》。"金刚约翰"在回忆自己的犯罪经历时说："我从没想过自己会落到今天这个地步。在十五六岁之前，我一直是个正常的男孩，爱玩爱闹，喜欢运动，也喜欢看书，我经常去图书馆，按部就班地生活、学习。可是后来，父母忽然不让我念书了，逼我出去工作，拿走我全部的薪水，一周只给我八先令。"

这些话都是他对父母的控诉。如果我们能接触到他本人，还可以询问一下他和父母的关系、他的家庭情况，还有他的具体经历，但是现在，我们只能断定，他的家庭是不太和谐的。

"工作快一年的时候，我交了一个女朋友。她很喜欢玩。"

我们发现罪犯经常被那些喜欢玩乐的女人吸引。如前所述，恋爱也是对合作能力的一种考验。对他来说，这是一项极为艰难的考验。女孩喜欢玩，而他一周只能拿到八先令。这明显超出了他可以负担的范围。他应该知道世界上还有很多其他女孩。但是人生中什么是最重要的，每个人都有自己的衡量标准。

"今时今日，谁能一周只拿八先令，就让自己心爱的女孩玩得既开心又痛快？可是父亲死活不肯给我加钱。我很难过，总想着要是能多赚点钱就好了。"

常识会告诉他："好好工作，努力赚钱。"但是他却想不劳而获，只要能让女孩玩得高兴，其他什么都不管了。

"后来我偶然认识一个人，很快就和他交上了朋友。"

遇见陌生人是对他的又一次考验。在这次考验中，他失败了。有正常合作能力的人是不会像他这样轻易受人引诱的。

"他是'老大'，一个盗窃老手，聪明能干，精于此道。老大讲义气，乐于分享自己的成果，也不会用卑鄙的手段害人。我加入了他们，合作了几次都很顺利，手艺越来越好了。"

调查发现，男孩的父母有自己的房子，父亲是一家工厂的领班。工作很忙，周末才回家。他们家除了他，还有两个孩子。

293

他家世代清白，唯独他有犯罪记录。我很想知道那些主张犯罪遗传论的专家对这个案例会有什么样的解释。

约翰说他15岁就和异性发生了关系，恐怕有很多人都会批评他好色，可是他这么做并不是因为他对别人感兴趣，而是想要得到快感。纵情声色并不是什么困难的事，任何人都能做到。约翰想要成为征服异性的英雄，以此获得别人的欣赏。16岁时，约翰因为入室盗窃被捕。他在其他方面的兴趣也证实我们的观点。他希望在外貌上压倒别人，以吸引女孩子的注意。为了赢得女孩子的芳心，他给她们买各种礼物。他戴着一顶宽边帽，脖子上系着红手帕，腰上别着左轮手枪，一副西部牛仔的打扮。他虚荣心很强，想要表现英雄气概，却又找不到其他方法。接受审讯时，他一口气承认了全部罪行，还大言不惭地说："还有好多你们不知道的事呢！"

"我觉得生命毫无价值，活在这个世界上有什么意义呢？对于一般所谓的人道，我只觉得荒唐可笑。"

约翰并不知道这是他潜意识里的想法。他觉得生命是一种负担，但是他却不知道自己为什么会这么沮丧。

"我学会了不相信别人。大家都说贼不互偷，根本没这回事。我有个同伙，我对他非常好，他却在暗中害我。"

"我要是有钱，也能像别人那样做个正直诚实的人。我的意思是说，我想要有足够的钱，想买什么就买什么，而不用打工。我不喜欢打工。我极其讨厌打工，以后也不可能打工的。"

他这番话也可以这样理解："真正让我走上歧路的，是压抑。我努力压抑自己的欲望，结果才成了罪犯。"这一点，值得深思。

"我也不想犯罪,可是开车的时候,总会在路上看到一些让人心痒难耐的东西,我无法抑制地想要占有它们,结果只好把那些东西拿走了。"他相信这是英雄行为,绝不承认这是一种懦弱的表现。

"当时唯一能让我感到快乐的,就是拿着钱去找我的女朋友。我第一次被抓就是因为这个,我需要把偷来的珠宝换成现金。结果被警察抓到了。"对他来说,给女友一大笔钱,得到她的赞赏,就是一种真正的成功。

"监狱里有很多学校,我要在这里努力学习,可我这么做不是为了洗心革面,而是想让自己变得更强。"这种态度表现出对人类的恨恶,不仅如此,他从根本上就是反人类的。他说:"如果我有孩子,我一定要杀死他!你想想,把一个孩子带到这个世界,这是多么罪孽深重的事。"

想要感化这种人只有一个办法,就是增强他的合作能力,让他明白自己的生活方式错在何处。而想要做到这一点,首先必须找到他儿童时期最早的误解。可惜在这个案例中,我对此一无所知。这个案例并没有涉及我所认为的重点。如果一定要我猜测的话,我会猜这个孩子多半是长子,他小时候备受父母宠爱,可是后来,随着弟妹的出生,他的地位一落千丈。如果我猜得没错,大家就会充分感受到,有很多小事都会严重影响合作能力的正常发展。

约翰还说,当他被送去感化学校后,在那里受尽虐待,离开时,心里对社会充满仇恨。

对这一点,我必须说几句话。从心理学家的观点来看,监狱里的粗暴待遇就是一种挑战。它是对韧性的考验。同样，罪犯也会把"改邪归正""重新做人"之类的训词当成一种挑战。他们想当英雄，很愿意接受这样的挑战。他们觉得，这是一场和全社会作对的比赛，他们必须坚持到底，成为获胜的一方。他们本就对世界充满敌意，任何挑战都能轻易激怒他们。有些人在教育孩子的时候也会采用挑战的方式。"你很厉害吗？要不要看看我们谁撑得更久？"这些孩子和罪犯一样，也想当英雄。他们如果够聪明，就会明白自己完全可以放弃这种念头。监狱、管教所常常对犯人提出各种挑战，没有比这更糟糕的政策了。

社会感是防止犯罪的最后一道防线

下面我们要看到的第二个案例，是一个死刑犯写的日记，他因为蓄意谋杀两条人命，已经被执行绞刑。他在犯案前，在日记本里清楚地表达了自己的意图。我们由此可以知道犯人在行凶前的心理状态和具体计划。很多罪犯都写过这样的日记，他们倾向于把自己的犯案过程详细记录下来，并为自己的犯罪行为找出合理的解释。我们可以从中看到社会感的重要性，即使是罪犯，也想要和社会感保持一致。在犯案前，他会想方设法打破社会感的高墙，消除自己仅存的社会感。

陀思妥耶夫斯基[1]在小说《罪与罚》中描绘过这样一个场景：

---

1. 陀思妥耶夫斯基，俄国著名作家。——编译者注

拉斯科尼科夫在床上躺了两个月，考虑要不要做一桩罪案。最后他问自己："你到底是拿破仑，还是一只不值一提的小虱子？"他从这句话里得到了勇气，下定了最后的决心。罪犯经常用这样的想法来欺骗自己、激励自己。其实，每个罪犯都知道怎么做是对社会有益的，也知道怎么做是对社会有害的，但因为懦弱，终究是在错误的道路上越走越远。他们之所以懦弱，主要是因为没有足以取得成功的能力。只有与人合作，才能妥善解决人生问题，可他们对合作之道却一窍不通。为了掩饰自己的无能，摆脱生活的重担，他们只好找借口，比如生病、失业等，来推卸责任。

让我们来看看那位杀人犯在日记里是怎么说的：

"我认识的每个人都离开了我。我就是这么讨人厌、惹人烦，每个人都嘲笑我、侮辱我。还有人比我更惨吗？我不想活了，活着有什么意思呢？我应该听天由命，任人宰割！唉，可惜肚子不争气，总得吃饭啊。"

他开始找借口了。

"有人预言我会死在绞刑架上，那又如何？饿死和绞死有什么区别呢？"

有这样一个案子，说是一个母亲经常对自己的孩子说："总有一天，你会绞死我。"果然，那孩子17岁时，就把母亲绞死了。预言和挑战的效果是一样的。

"反正我都是要死，还有什么可顾忌的呢？我一无所有，别人也拿我没办法。我爱的女孩不想见我，既然如此……"

他想和那个女孩在一起，可是他没有钱，连件像样的衣服都没有。他把这个女孩看成一宗财产,这就是他对婚恋问题的解决方法。

"我只好用同样的办法,把她骗过来,让她成为我的奴隶。我的忍耐已经到了极限。"

这种人的思想一般都很偏激。他们像小孩子一样,把任何事情都看成非黑即白。

"目标已经选定,只需静待时机。周四我就孤掷一注,我要做一件很多人都做不到的事。"

是啊,他做了一件很多人都做不到的事,用刀捅死一个毫无准备被吓得浑身发抖的路人。如此残暴冷血,他却以为自己是个英雄。

"就像牧羊人驱赶羊群一样,饥饿驱使人们犯下了黑暗的罪行。也许我看不到明天的太阳了,可是有什么关系呢?没有比饿肚子更可怕的事情了,我受够了忍饥挨饿。现在,唯一让我感到苦恼的,就是必须接受审判。犯了罪当然要付出代价,不过死亡总比挨饿好。我如果饿死了,又有多少人会注意到我呢?可是现在我被判处绞刑,一定有很多人注意到我,甚至为我流下同情的泪水。我想好了,就这么干。我今晚的彷徨和恐惧,很多人恐怕一辈子都体会不到。"

这个把自己当成英雄的懦夫,在接受审判时说:"虽然我没有捅到他的要害,但他确实因我而死。我知道我是注定要上绞刑架了,遗憾的是别人穿的衣服都那么漂亮,而我却一辈子也没有穿过一件像样的衣服。"他不再说饥饿是自己的杀人动机,现在他关心的是衣服。

"我也不知道自己为什么会做这样的事。"他辩解道。

每个罪犯都会为自己辩解。有些罪犯会在犯案之前先喝酒,以便找借口推卸责任,这些行为都证明他们为了打破社会感的高墙,做过很多努力。几乎每个罪犯在陈述犯罪过程时,都会触及以上要点。

现在我们遇到了真正的难题——怎么办?如果每个罪犯都表现出这样的特征:缺乏社会感、合作能力低下,追逐虚假的个人优越感,我们该怎么办?对待罪犯就像对待精神病患者一样,除非我们赢得他们的合作,否则我们将一筹莫展。但我们不能过于强调这一点,如果我们一开始就能使他们对社会产生兴趣,学会用合作的方式解决人生困境,他们也不会落到今天这个地步。这项工作看起来简单,做起来却不容易。给他们安排的事情不能太简单,也不能太困难,不能直接指出他们的错误或者跟他们争辩。他们已经沿着既定的思维模式和行为模式生活了很多年。想要改变他们,必须找出这种思维模式的起源,如此,就要了解他们童年的处境和错误的起点。人格在四五岁时基本定型,罪犯错误的世界观也是在这时候形成的。我们必须找出并纠正这些原始的错误,而想要做到这一点,必须先深入探索他们的早期生活。

之后,他们会按照童年形成的思维模式来解读自己遇到的每一件事。如果经历的事情和他们的思想发生矛盾,他们会用回忆、沉思来彻底扭曲那段经历。比如,如果有人觉得"每个人都想羞辱我、欺负我",他就会找出很多证据来证明这一点。至于那些与这种观点相左的事,则会被他抛诸脑后。罪犯只对自己和自己的观点感兴趣。他会按照自己的方式去倾听、思考。对于那些不符合他的解读方式的事，他视若无睹，不，他根本就不允许自己看到这样的事。所以，我们若想说服他，首先必须弄清楚他看待事物的方式和这种方式的成因，并找到他态度的原发点。

这就是严酷的刑罚总是无法起效的原因。罪犯把刑罚当成社会充满敌意，因而不可能和社会合作的证据。他们可能早就遇到过犯错受罚的情况。比如在学校的时候，越是受罚，他们就越排斥与人合作，成绩每况愈下，总是在班里调皮捣蛋。惩罚和指责并不会增强人们的合作意愿，只会让人觉得受到了排斥。没有人喜欢待在充满责备和惩罚的地方，更不要说对这种地方感兴趣了。在这种情况下，他们当然会排斥学校、老师、同学，同时对自己丧失信心。他们开始逃学，找一些自在的地方待着或藏着。在这些地方，他们遇到了一些和他们有相同经历的孩子，那些人了解他们，不像别人那样责备他们，知道怎么哄他们高兴、怎么让他们把心思都放在人生的无用面。

他们本就十分抗拒社会的基本规则，现在更是把社会当成了敌人，把这些酒肉朋友当成了志同道合的伙伴。这些人喜欢他们，和这些人在一起使他们感到自在。很多孩子都是这样走上歧路的。如果我们也用指责的态度对待他们，他们越发认定我们是他们的敌人，只有罪犯才是他们的朋友。

即使是这样的孩子，只要能在学校培养出自信和勇气，重燃希望之火，也绝对有能力战胜人生的考验。

还有其他原因使刑罚无法起效。很多罪犯并不怎么珍惜自己的生命。他们之中有些人在生命的某些时刻会产生自杀的念头,刑罚根本就吓不住他们。他们把很多事都当成对自己的挑战,而应对挑战的本能反应就是反击。他们想要打败警察,证明警察拿他们没办法。狱警越是凶狠地折磨他们,他们就越是要反抗到底。刑罚只能增强他们和警察作对的决心。他们解决任何问题,都是沿着这个思路进行的。在他们看来,和社会的接触是一场战争,他们必须拼尽全力才能取胜。如果我们也有这样的想法,那是正中其下怀。即使是电椅也可能成为一种挑战。罪犯们以为自己是在赌博,赌注越高,他们就越是跃跃欲试。很多罪犯正是因此才犯罪的。死刑犯经常会懊悔他们为什么会被警察抓住:"我要是没扔掉那条手绢就好了!"

罪犯的童年生活情境

唯一的补救方法,就是找到罪犯在儿童时期所遭受的合作障碍。个体心理学为我们点燃了一盏照亮前路的灯火。孩子5岁时,心灵就已经发展成了一个整体——人格的主要脉络汇集到一起。当然,遗传和外部环境也有影响,但我们需要重点研究的,不是他的天赋能力和人生经历,而是他利用这些东西的方式、他对这些的看法以及由此取得的成就。既然没人能说出遗传的确切影响,那么了解以上观点,也就十分必要了。需要注意的是外部环境给他带来的可能性,以及他对这些可能性的运用。

虽然无法适应社会生活，但还有一些合作能力，这样的罪犯还有挽救的余地。对这一点，母亲是有重大责任的，她必须有意识地把孩子对她的兴趣，扩散到对其他人身上，她必须以身作则，使孩子对全人类和自己的生活产生兴趣，但是，这位母亲也许不愿意让自己的孩子对其他人感兴趣。也许她的婚姻很不美满，比如双方家长不同意，正在考虑离婚，或者他们彼此互相嫉妒，等等。因此，她可能想要把孩子占为己有，她对孩子百依百顺，竭尽所能地娇惯、纵容，不愿让孩子离开她而独立，无法独立。在这种情况下，孩子合作能力的发展自然是很有限的。

对其他孩子的兴趣，对社会感的发展也是非常重要的。一个被母亲过度保护的孩子，很容易受到其他孩子的排挤。当他对这种情况产生误解时，往往就是他误入歧途的起点。在一个家庭里，如果某个孩子过于优秀，其他孩子经常会成为问题儿童。比如，次子聪明可爱，很讨人喜欢，长子就会觉得自己黯淡无光。他觉得自己受到了忽视，他往往会用这种被忽视感来进行自我欺骗和自我沉溺，为了证明自己的观点，他会到处搜集证据。他的行为开始反常，他因此受到严厉的管束，结果他更相信自己是受到了忽视。他觉得自己被抢走了什么东西，于是开始偷窃，被发现后，他会遭受更多的惩罚。这进一步证明他是不被爱的，人人都在跟他作对。这是一个恶性循环。

父母不能总是在孩子面前抱怨人生艰难、世道险恶，也不能总是指责邻居和亲戚，显露出自己对他人的恶意和偏见，这些都会严重影响孩子社会感的发展。在这种环境下长大的孩子，对自己的同胞也会产生歪曲的看法，如果他们因此而反对自己的父母，我们也不必惊讶。社会感的发展一旦受阻，人就会变得自私，经常会想："我为什么要替别人着想？"当他用这种态度无法解决人生的问题时，他会犹疑不决，并给自己找台阶下。对他来说，和生活搏斗是相当困难的事。如果伤害了别人，他也毫不在意。既然这是一场战争，那么使出什么手段都是无可厚非的！

从下面这个案例中，我们可以看到罪犯的发展模式。有一户人家，次子是个问题儿童。他身体健康，没有任何生理缺陷。哥哥非常优秀，一直是父母的骄傲。他把哥哥当成竞争对手，可是每次交战的结果都是哥哥获胜。弟弟非常依赖母亲，想要占有母亲的一切，对社会毫无兴趣。哥哥聪明刻苦，在班里名列前茅，而他的成绩却差得一塌糊涂。和哥哥的竞争使他痛苦不堪。他的控制欲非常强。家里有个女仆很疼他，他把她指挥得团团转，他把自己当成训练士兵的将军。直到20岁，他还在指望她来满足自己当将军的瘾。

他一直为工作忧心忡忡，同时却总是一事无成。没有钱时，他就跟母亲要，母亲有求必应，却也要数落他一番。结婚之后，他遇到的困难更多，但这有什么关系呢？他打败了哥哥——比他更早结婚。他只敢在这些鸡毛蒜皮的小事上跟哥哥一较高下，他实在是太低估自己了。他根本没有做好结婚的准备，所以结婚后，夫妻俩经常吵架。后来，母亲不给他钱了，他赊了一架钢琴又转手卖掉，因为还不上钱，被店主起诉，最后锒铛入狱。

成年后的行为方式，在童年时期就已埋下了伏笔。他从小就活在哥哥的阴影下，像一株被大树遮挡了阳光的小树。由于哥哥太过优秀，他总觉得自己受到太多轻侮和忽视，并搜集各种证据支持自己的观点。

接下来这个例子是个野心勃勃、深受父母宠爱的女孩。她是家里的长女，下面还有一个妹妹，她嫉妒妹妹，觉得父母偏心。无论在家里，还是在学校，对妹妹的敌视可以说是毫不遮掩。她搜集了父母偏心妹妹的证据，比如妹妹拿到的糖果比她多，妹妹拿到的零花钱比她多，等等。有一次，她因偷了同学的钱而被抓，受到严厉的斥责。好在她及时去医院接受了心理疏导。了解了自己行为的前因后果之后，她终于摆脱了要和妹妹一较短长的想法。医生还跟她父母说了这种情况，他们意识到了自己的错误，表示以后一定对姐妹俩一视同仁，不让姐姐再有这样的错觉。这已经是二十年前的事了，如今女孩已经结婚生子，事业有成。那次糟糕的经历之后，她没有犯过任何重大错误，对于人生问题，她也都处理得很好。

通过以上几个案例，读者想必已经对阻碍孩子发展的各种情境有一些了解，现在不妨做个小结。

如果我们承认个体心理学观点的指导意义，那么想要有效地增强罪犯的社会感和合作能力，首先必须弄清楚这些情境是怎样引发犯罪的。为什么我们再三强调并深入探讨这些情境，原因就在这里。下面这三种人，在合作能力方面，尤其容易出现问题：有生理缺陷的、被宠坏的、被忽视的。有生理缺陷的人总觉得命运剥夺了他作为一个正常人的权利，所以比正常人更倾向于把全部注意力都放在自己身上。对于这样的人，最好的帮助就是培养他们的社会感。被宠坏的孩子把全部注意力都放在母亲身上，很难对母亲以外的人产生兴趣。完全被忽视的孩子是不存在的，因为如果没有大人的照料，婴儿连一个月都活不过。但是在孤儿、弃婴、残疾孩子、非婚生子、外貌丑陋的孩子身上，我们又确实看到了被忽视的痕迹。所以罪犯才会分出两种类型：一种是丑陋而被忽视的，一种是英俊而被宠坏的。

预防犯罪的最佳方法：增强合作能力

增强合作能力是预防犯罪的最佳方法。如果我们不能认清这一点，消除犯罪就永远只是一个梦想。如果你认为孩子可以通过学习掌握地理知识，就没理由认为合作是无法传授和学习的，因为合作也是一门学问。只要方法恰当，人人都能学会合作的技巧。没有上过地理课的人，无论大人还是小孩，在地理考试中都会一败涂地。同样，无论大人还是小孩，如果没有学过合作的技巧，那么他在人生的考试中也会一败涂地。

没有合作，任何问题都无法得到解决。对犯罪问题的讨论已经步入尾声，现在我们必须鼓起勇气来面对事实：虽然人类已经在地球上生活了几百万年，但是至今仍然没有找到解决犯罪问题的正确方法。之前用过的方法似乎都没什么效果，这种悲剧从未消失。好在我们的研究已经找到问题的症结——我们从未采取措施改变罪犯的生活方式，并预防错误生活方式的产生。

让我们回忆一下我们的观点。我们已经发现，罪犯并不是特殊的人类，他们也是按照人类的行为习惯行动的。我们必须明白，犯罪本身不是孤立事件，而是人生态度的病症。只要找出病因，而不把它看成无可救药的绝症，我们就有机会改变这一切。罪犯早在四五岁时，就已经用不合作的思想和行为把自己训练了很长一段时间。在此期间，他们对别人的兴趣发生了阻碍，这种阻碍可能来自他的父母、伙伴、社会歧视、外部环境等。我们发现，在形形色色的罪犯之间，在各种不同的失败者之间，他们最主要的共同点就是缺乏合作精神，缺乏对他人和人类幸福的兴趣。增强罪犯的合作能力，是挽救他们的唯一办法。

罪犯和其他失败者有一个不同之处，就是他们在长期拒绝合作之后，已经对正常的生活工作失去信心，但是仍然保有一些活动，只是这些活动都被他投向了人生的无用面。他们在这些无用面上非常活跃，并在这方面和其他犯罪分子互相合作。这一点使他们和精神病患者、自杀者、酗酒者有了很大的区别。可是，他们的活动范围十分有限，有时候，他们的活动只剩下犯罪这一种可能性，有些罪犯甚至是同一罪行一犯再犯。他们把自己禁锢在一个狭小的天地里。由此可以看出，他们到底丧失了多少勇气，他们必定会丧失勇气了，因为勇气是合作能力必不可少的一部分。

罪犯不眠不休地为犯罪方法和犯罪情绪做着准备。白天想着怎么行动，晚上想着怎么打破社会感的壁垒，怎么清除自己心里仅存的社会感。他必须摆脱负罪感，于是千方百计寻找托词来证明犯罪行为是迫不得已的必然选择。想要消除已经建立起来的社会感，并不容易，社会感的抵抗十分顽强。然而，真心想要犯罪的人是不会被这点困难打倒的。为了清除社会感，他开始回忆自己所受的屈辱，努力培养仇恨感。到了这时候，他倒是百折不挠、一往无前了。为什么罪犯总是在环境中搜集证据以坚定自己的态度？为什么总把我们的劝导当耳边风？原因就在这里。他以自己的眼光在看世界，他对自己的论点已经准备了非常之久。除非我们能发现这种态度是如何形成的，否则就别想改变它。然而，我们却有罪犯无法抗衡的利器，那就是我们对别人的兴趣。它可以让我们找出真正能够帮助他们的方法。

　　事实证明，在生命初期心理负担太重的孩子和被宠坏的孩子更容易走上犯罪的道路。有生理缺陷的孩子需要特别照顾，要把他们的兴趣引导到别人的身上。被忽视的孩子、不受欢迎的孩子也都处在这样的情境里，需要特殊引导。因为他们没有与人合作的经验，合作能力没有得到发展，他们不知道合作能使自己变得更受欢迎、赢得别人的情感并解决问题。被宠坏的孩子只知索取，不懂付出，他们很容易就能得到自己想要的东西。如果别人拒绝他们的要求，他们会恼羞成怒，觉得别人待他不公，从而拒绝合作。每个罪犯都有诸如此类的经历。他们没有受过合作的训练，合作能力低下，遇到问题时完全不知所措。

归根结底一句话：改变罪犯生活模式的唯一方法，就是找到他错误生活方式的起源并加以纠正，预防犯罪的最佳方案是增强其合作能力。

结语

走出孤独，成就自我

现在是我们结束研究的时候了。个体心理学的方法自始至终都离不开自卑问题。自卑既是人类奋斗和成功的基础，也是我们所有心理困扰的由来。当一个人找不到一个适当的、具体的优越目标时，就会产生自卑情结，导致一种逃避现实的冲动。这种逃避的冲动表现为优越情结，而这只不过是一个无用的、徒劳的目标，提供了一种虚假的成功的满足感。

这就是心理生活的动力学。我们知道，心灵运作中的错误在某些时候比在其他时候更有害。我们知道，生活方式是在儿童时期形成的倾向中具体化的——在四五岁时形成的原型中。因此，鼓励健康的心理生活的全部重担就在于给予儿童正确的指导，其主要目标应该是在有益和健康的目标方面培养适当的社会感。只有通过训练儿童适应社会系统，人类与生俱来的自卑感才能得到适当的利用，而不会产生自卑情结或优越情结。

社会适应是自卑问题的另一面。正是因为个体的自卑和弱小，人类才以社会的形式生活在一起。因此，社会感和社会合作是对个体的拯救。